献 给 这 独 一 无 二 的 城 市

冯 晖

作家

教授级高级工程师

专注于城市微观史、街头考现学和历史影像的研究，著有成都手记三部曲：《成都街道漫步手记》《影像里的成都》《未消失的风景：成都深度游手记》，影像研究专著《百年影像里的成都胜迹》。作为国内产业园区建设和管理细分领域的领军人物，主持和参与编写国家标准、行业规范三部，发表学术文章二十余篇，出版专著一部。

成都

街头

CHENGDU

JIETOU

MEIXUE

美学

冯晖　著

成都时代出版社
CHENGDU TIMES PRESS

图书在版编目（CIP）数据

成都街头美学 / 冯晖著. ——成都：成都时代出版
社，2023.9
ISBN 978-7-5464-3029-4

Ⅰ.①成… Ⅱ.①冯… Ⅲ.①城市道路—景观—美学
—研究—成都 Ⅳ.① TU984.11

中国版本图书馆 CIP 数据核字（2022）第 014061 号

成都街头美学
CHENGDU JIETOU MEIXUE

冯晖 / 著

出 品 人　达　海
责任编辑　李卫平
责任校对　阚朝阳
责任印制　黄　鑫　陈淑雨
封面设计　寻森文化
装帧设计　成都九天众和
摄影 / 插图　冯　晖

出版发行　成都时代出版社
电　　话　（028）86742352（编辑部）
　　　　　（028）86615250（发行部）
印　　刷　成都市兴雅致印务有限责任公司
规　　格　168mm×240mm
印　　张　20.5
字　　数　320 千
版　　次　2023 年 9 月第 1 版
印　　次　2023 年 9 月第 1 次印刷
书　　号　ISBN 978-7-5464-3029-4
定　　价　78.00 元

前　言
街头藏着城市真正的个性与魅力

一直以来，我对城市街头空间和日常生活的微妙关系颇感兴趣，如同围着鲜花打圈圈的蜂子。

城市是一座收藏历史的宝库。各式各样的建筑似时光的雕像，或伫立街边，或隐藏于街区深处。研究城市历史，街道提供了重要的线索与信息。顺藤摸瓜，我试图通过观察街道发现城市的秘密。

以"趣味"为最大的人生价值，这是梁启超先生倡导的趣味主义。趣味是人生的根底，为趣味而忙碌是人生最有意义的事情。自得其乐、乐在其中、乐此不疲，这是普通人理想而朴素的生活，也是我坚持街道研究的原动力。

那么，城市的趣味在哪里？我觉得，城市的趣味首先来自街头。如果城市的街道看起来有趣，那么城市就有味道。如果街道看起来单调呆板，那么城市也就没有了生机。这是加拿大作家简·雅各布斯对城市与街道的理解。

当我们想到一个城市时，首先浮现在脑海里的一定是街道的样子。漫步街头，你会发现，成都的个性与魅力就藏在街头巷尾。

对我来讲，对街头美学的认识在很大程度上来自对街道的观察与切身感受。街道本身的趣味属性和自己的审美趣味交织，构成了我对街道的持续关注和学术兴趣。而对于城市的情感，很大程度上来自儿时的街头记忆。了解社会、寻找乐子、结交朋友、增长见识，这一切都依托街道——无数的故事在街头发生。当年的我们都是成都"街娃儿"的一分子，游荡在城市的各个街头。每次路过暑袜街路口的老邮电局，总会想起小时候在路边邮局门口炒邮票的忙碌场景。街道也是情感的化身，市民对街道的共同记忆构成对一座城市的历史定义。城市空间的持续变化就是城市历史积淀的过程，连续的事件构成了物化的城市，而情感与回忆共同涂抹出城市的底色。

这是一本普通人写给普通人看的书，而非建筑学或城市规划的专业书籍。

以市民的视角来观察城市，讲出自己的感受，这和日本建筑师芦原义信所著《街道的美学》有不同的定位和表述方式。书中除了涉及设计规范和建筑标准解读时使用少量的专业词汇外，一般性描述尽量都采用普通读者易懂的日常口语。

在我眼里，成都是一座颇具个性、气质独特的城市。成都街道有自己的特色，虽然身处其中能够深切感受，但总觉得无法用语言来准确描述和系统总结。那就试试从身边入手，从小处着眼吧。

小街、小园、小桥、小亭、小店、小摊，与普通人日常生活息息相关的大多是这样的小空间。大型公共空间有其作用与价值，但因趋同化的设计，就中国的大多数城市而言，并不能代表城市的特性。缺少一种自下而上的自然力量，规模化的商业复制让城市渐渐失去个性。

大多数有关城市和街道的文章会浓墨重彩地描写广场。我原本也将城市广场作为本书的重点，后来发现成都的中心广场虽然地位重要，但似乎并不能反映成都街道和城市生活的典型特征。最终，舍大取小，有关广场等大型公共空间的篇章，让位于城市小空间的分类呈现。

本书有大量涉及城市街头公共空间的话题。空间是一种相互关系，是物体与身处其间的人互相作用产生的关系。当今时代跨越式发展，城市规模往往太大，似乎超出了自如控制和全面感知的范围。把城市巨大的空间划分为尽量小的单元，可让其更加充实、丰富，充满人性的温暖，对城市空间的研究才能更加深入具体，抓得住缰绳，找得准穴位。

成都是一座极具亲和力的城市，充满弹性与包容精神。每天下班，我会开车路过后子门。交通高峰时段，在主干道人民中路两旁停满了接孩子放学回家的私家车，交警网开一面，过往行人也对此习以为常。这是城市管理人性化的弹性表现。这种公共空间管理的弹性美学，是成都街头的重要特征，也是成都街头特色文化和民俗特征承续百年的重要原因。

成都街头充满柔和温润的气息，少有极端和激烈的事情发生。花间词是活跃在晚唐和五代时期的婉约词派，蜀地文化是其产生和发展的沃土。一方水土养一方人，柔和的天性和浪漫气质，让成都人有水一般的柔绵、耐心和灵气。

在街头，你会发现，面对同样的事情，成都人有和北方人、重庆人完全不同的处理方式。正宗的重庆火锅传到成都，会少了许多火辣的气息。城市生活的细节显现出成都街头的柔性美学特征。

成都街头有一种特别的自然野趣之美。城市的野性并不是野蛮、低级与无序的同义词，而是指一种符合自然规律的生长现象。成都一带是道教的发祥地之一，道法自然的思想深深融入这个城市的骨子里。街头露天菜市场，有乡村集市的味道，绿油油的蔬菜随意摆在地上，像直接从地上长出来似的。我们习惯将这种菜市场叫作"自由市场"。在这种自由的市场里，才能够体会人类最为原始的买卖乐趣。街道的野性美学是成都城市特质的生动体现。而街头随处可见的熊猫雕塑、熊猫图案，以及著名的熊猫繁育基地和保护研究中心，让"野生动物"与城市居民天天相伴，这增添了城市的野性。而"雪山下的公园城市"这一概念的提出，把城市野性美学推向了极致。

常见的社会现象有许多是在无意识的日常生活中产生和形成的，这往往不是城市规划者和建筑设计师的本意。在我看来，这些独特空间恰恰是最独特、最巴适、最有趣的城市风貌。温柔占道的街边茶铺，衍生出单纯喝茶之外的许多乐趣，下棋、打牌、掏耳朵、擦皮鞋、谈生意、打瞌睡，平凡街道生发众多乐趣，学界称此为"闲暇"，成都人称之为"安逸"。从美学角度来讲，这就是成都街头独特的安逸美学，对外地游客来说是无法抵抗的吸引力。

成都的街头，人们在享受美和消费美的同时，也在不知不觉中创造美，扮演美的使者。街边喝茶，茶客们欣赏街边风景的时候，自己也成为街头一道有趣的风景。卖花的小贩，骑着三轮车在小巷里优哉游哉，边走边卖，满满的一车鲜花五颜六色，在冬日暖阳下如同飘浮的仙境。我将这种现象称为"伴生美学"，这是我眼里成都街头最美之处。

街头麻将是成都的一大景观，穿西服的店铺大老板和隔壁串串香店系围腰的小工围桌酣战；宝马奔驰和电瓶车相伴，不分高低贵贱，共同享受普通人最平凡的日常生活，这是发自内心的朴素情感，与生俱来，不刻意不做作不显摆，懂得生活才能真正享受生活。这是成都街头美学特征的生动展现。

成都人不会把"奋斗"挂在嘴边。在历史上，成都一直走在城市建设和经济发展的前列，从唐代的"扬一益二"，到现在的中国"第四城"，这是城市民众默默奋斗和辛苦劳作的成果。但成都人似乎不刻意将其展现出来，从来不说自己好辛苦。成都人约你下午街边喝茶打牌耍，其实是想和你谈重要的事情。成都街头的活力和随意有其内在严密的商业逻辑，推动着城市经济发展。这种独特的低调美学体现的是深厚的市民生活智慧，外柔内坚，以柔克刚。

虽然这不过是一本有关普通人日常生活和城市空间关系的通俗读物，但是，我们的建筑师们也许有必要听听普通人的声音。建筑的好与不好，其实最佳评论员是普通的实际使用者，是与它朝夕相处的人。城市生活最权威的评委就是这城市里的普通人，是他们创造了城市的历史，他们是城市真正的主人。

这是一本观察城市的书，与街头考现学有剪不断的联系。考现学早期的代表性人物是日本的今和次郎和吉田谦吉。考现学是研究现代风俗或现象所采取的态度和方法，就时间性而言与考古学相对，通过对城市现象和生活方式的细微观察来审视当下。我所尝试的街头考现学研究，着眼于街道，通过实地观察，探究街头空间与日常生活的紧密关系。

观察街道的重点是观察街头空间与人的关系，这是研究城市的基础和前提。"日常生活"是一个既简单又复杂、既质朴又高深的话题。安居乐业是城市规划与城市建设的本质追求，一座伟大的城市是让人骄傲的城市，一条美丽的街道一定让人感觉舒适与方便。

城市观察者就像侦探或刑警，敏锐地发现各种线索，筛选、甄别和串联，找出隐藏其背后的真相与缘由。统计报表看似准确，专家的理论看似高深，但却往往无法直观、生动地反映出城市街头正在发生的变化，最原始、最简单、最直接的观察反而是行之有效的。成都街头的美学特征是任何经典的城市建设、城市规划和城市管理理论都无法简单诠释的，它是一种感觉，它是一种气味，它似一阵风吹过，如童年春日里阳光下某一个嗅到泥土气息和枝叶温香的瞬间，怎能用语言和文字来表达？

城市是人类精彩的舞台和伟大的作品，城市的个性集中体现在街头，而街道的美归根到底是由人性化的魅力所决定的。这就是我城市观察得到的一点点体会和启示。每个城市都有属于自己的街头文化和美学特征，虽然趣舍万殊，但欣于街头所遇，快然自足，期待故事的分享能引出更多的共同话题。

冯 晖

2023年初春于乐匠书屋

CONTENTS 目 录

小街

围墙

小街

城市由大街小巷构成，而街巷如同一张密实的网，日日夜夜收集着每个角落的故事。城市街道不是单纯的通行空间，而是充满活力的舞台。大街气派，是城市的骨骼，起支撑与布局的作用。小街纤细，是城市的毛细血管，给日常生活提供最新鲜的营养和最朴实的观照。对普通人而言，不一定能体会到"大"的意义，但一定可以时刻感受到"小"的作用。

正通顺街

　　我们总觉得对自己的城市了如指掌，但当认认真真聊起这座城市时，却感觉说不清楚。同样的道理，熟悉自己的家人，但并不太清楚他们每天到底是怎样生活的。

　　我，就是其中一例。

　　我和父母在成都生活了50年。在我20多岁结婚后，有了自己的小家，就没和父母住在一起了。虽说没住在一起，但我们始终在一个城市生活，住家的直线距离不超过1500米。我常常回老人住的地方，我们也经常在外面找地方碰头聚会。但是，对父母现在每天的生活，我同样也说不明白。研究城市微观史，但从没有好好研究过自家人的日常生活，这是个应该弥补的缺憾。

· 正通顺街街景

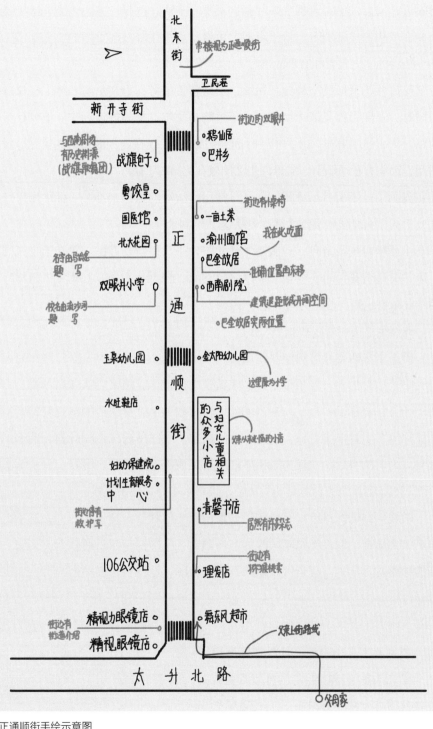

· 正通顺街手绘示意图

选择正通顺街为本书的开篇，有这样几个原因。首先，这条小街离我的父母家近，父亲几乎每天都会来此买这买那。其次，这是一条比较古老的街道，至少在清代的成都地图上就已出现。再者，这是成都一条重要的文化街道，有不少独特的文化元素和有趣故事。

父母多年来形成一种分工习惯，父亲负责家务，母亲负责养生。母亲养生的同时，还要指挥父亲干家务。上街采购是父亲日常的规定动作。他们住太升北路，离正通顺街非常近，步行时间大约5分钟。现在的大城市都在讲15分钟生活圈，因靠近正通顺街，父母的生活圈就在5分钟内了。

我画了一张街道示意图，父亲日常出门活动的点位，都一一标注出来。研究成都的街头美学和日常生活，就从这里开始吧。

正通顺街东西走向，一头接太升北路，一头连新开寺街。我在街上来回走了走，街道长度大约是400步。因为正通顺街的气场大，所以在本地人眼里，靠西的北东街也是正通顺街的一部分了。

先从街道南侧聊起吧。

街道东头转角处有两家眼镜店，一家大一些、亮一些、气派一些，店名是精视眼镜店。另外一家稍微小些，叫精视力眼镜店。两家店从店名上看，一家有"力"，一家无"力"，挨得如此近，有战场上近身肉搏的感觉。父亲的眼镜能用许多年，很少更换。但是，有时需要一些简单的维修和调整。他选择那家有"力"的小店。精视力眼镜店的店长是成都本地人，态度好。父亲每次去修理眼镜，店里服务员总是非常热情，维修水平好，还不收钱。

眼镜店门外的路边立有介绍正通顺街历史的牌子。牌子上面说，这条街道原名古佛庵街，清代光绪年间改为上通顺街，民国初年叫正通顺街。其实，这样的介绍并不准确，我查阅收藏的几张老地图，地图上正通顺街的街名变化大致是这样的：

光绪五年（1879年），叫古佛庵街

宣统三年（1911年），叫上通顺街

民国二十年（1931年），叫通顺街

1949年，叫正通顺街

往东几步是公交车站，有106路公交车。106路的起点在九里堤，终点在东光小区。父亲常常从这里乘车去红星路口东站，只有两站路。那里有一家良元药房，药品多，价格公道。一般情况下，父亲会遵照母亲的指示精神到这家店买药。如果去成都市第二人民医院看病取药，也会乘车在红星路口东站下车。106路公交成了父亲的医疗专线。

公交车站西侧不远是正通顺街53号，有两家看起来非常相似的单位。一家是成都市青羊区妇幼保健计划生育服务中心（简称"计生中心"），一家是成都市青羊区妇幼保健院（简称"保健院"）。两家紧挨在一起，都是墨绿色的招牌。父亲常常来这里，也搞不太清楚两家的区别。但是，他知道，打新冠疫苗在计生中心，注射流感疫苗在保健院。每次来保健院排队注射流感疫苗，他前面是小朋友，身后也是小朋友，感觉在鲜花丛中，看病打针也变得有趣。我到保健院咨询，穿白大褂的工作人员告诉我，两家单位是一套人马两块牌子。

往西，过正成·香域小区，有一家叫永旺的鞋店，门口有一台古董级别的飞人牌缝纫机，店里有各式各样的手工鞋。这家店可以定制超大码的皮鞋。这让我有些吃惊，定制布鞋容易，定制皮鞋还比较少见。多年前，我在人民北路见过一家定制大鞋的商店，后来再也找不到这样的店了，没有想到在这里遇见。

玉泉幼儿园是81号，这是一家历史悠久的机关幼儿园。顾名思义，玉泉幼儿园应该在玉泉街上。玉泉街在正通顺街的南边，两条街道为平行走向。玉泉幼儿园的侧门和消防通道开在玉泉街，正门开在正通顺街。玉泉幼儿园的街对面是56号，也是一家幼儿园，名字叫金太阳。这样，一条街上有两家幼儿园，面对面，隔街相望。其实，这两家幼儿园并不存在竞争关系，一家是机关幼儿园，一家是民营幼儿园，招生对象不同。他们之间是一种相得益彰的互补关系。

幼儿园东边是华杏大药房，之前这里是一家餐厅。在母亲的购药战略里，这家药房和红星路上的良元药房的定位是不同的。价格高的药，或者用量大的药，会安排父亲乘车去良元药房购买。而类似眼药水和家用酒精这样价低、用量少的药品，就会在华杏大药房就近就便购买。父亲在华杏大药房办了会员卡，购买药品有九折的优惠。如果在会员日购买药品，折扣还会低一些，在8到8.8折之间。

99号是正通顺街小学，校门正对西南剧院。门口有流沙河题写的校名，墙上还刻有巴金写给学校的一封信。父亲喜欢学校的校徽。校徽上有一棵大树和两个小孩，小孩的脚下有两个圆圈。我想，两个圆圈代表的应该就是双眼井吧。

继续西行就是北大花园了。这里的门牌号不是正通顺街，而是新开寺街。北大花园和北京大学没有任何关系，但是，买房子的人可以把它想象为北京大学的宿舍区。取"北大"的名字，只不过是这里距离北门大桥比较近罢了。小区大门口，

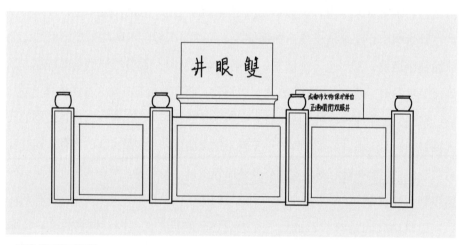

· 双眼井手绘示意图

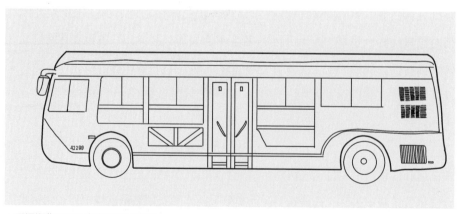

· 正通顺街106公交车手绘示意图

"北大花园"四个大字是马识途的亲笔，这让北大花园多少有点文化的味道。

小区旁边有一家国医馆，门牌号是正通顺街109号。父亲没在这里看过病，但是，居然在这里交水电费。原本交水电费是在旁边一家小店，后来这业务不知什么原因跑到国医馆了。估计这是全中国唯一一家收水电费的中医馆。现在，国医馆的水电费代收业务已被红旗超市接管了。

117号是粤饺皇，特色是现包现卖的手工饺子。品种多、分量足、价格合理，深受父母喜爱。父亲爱在这里买普通的白菜鲜肉馅饺子，价格是19.8元一斤。这里的价格都会在小数点后面带一个8。比如，鲜虾蟹仔云吞28.8元一斤，深海大虾饺35.8元一斤。父亲每次买一斤，分两顿吃完。粤皇饺的调料是要收钱的，两元一包。父亲对此也有应对的巧妙办法。如果想要调料包，他就会买两斤饺子，因为买两斤，店里就会赠送一包调料。

距离粤饺皇不远是125号的战旗包子店，这是正通顺街的老牌明星，多次接受街上新开包子店的挑战与冲击，岿然不动，街头地位在战斗中日渐巩固和稳定，是这条街上商铺们的精神领袖和"带头大哥"。准确讲，应该叫战旗馒头店，因为馒头的品种比包子多。父亲来这里也只买馒头，而不买包子。原来爱买白面馒头，一元一个，一次会买两到四个。现在，血糖高了，按照母亲的要求，只能买荞面馒头了，虽然价格要比白面馒头贵五毛钱，但是，据说粗粮有利于控制血糖。

·双眼井小学校徽手绘示意图

·战旗包子店手绘示意图

这是街道南边的情况，再来看看北侧的业态与父亲有些什么关系。

街东头有一家舞东风超市，门牌号是正通顺街2号附1号。母亲原来是校医，从成都三十中退休——成都三十中现改名为成都石室初中。学校每年会给退休职工发放舞东风的购物卡，准确的名字叫领物券。父亲会在这里用领物券购买牛奶和大米。以父母家为半径搜索，距离最近的超市就是这家舞东风了，对于年过八旬的老年人来讲，购物距离是重要的选择标准。舞东风在这一点上完胜。

超市旁有家理发店，父亲未在此理过发。这些看起来比较时尚的理发店，老年人一般不会进去的。理发店老板是成都蒲江人，每年秋末冬初，会从老家带些猕猴桃来，摆在理发店门口的路边卖，父亲有时会买点。

理发店往西几步，有一家看上去红艳艳的书店，店名叫清馨书屋，门牌号是2号附16号。门口，一位大爷守着几台儿童游戏机。店里无人，进去时门口的感应器会自动说一声"欢迎光临"，出去时会说一声"谢谢光临"。看里面的商品，其实叫文具店更加合适一些。不过，在文具之间，居然有六排杂志，蔚为壮观。从《知音》到《瑞丽》，从《四川烹饪》到《儿童文学》，品种繁多。父亲在每个月的月初会来这里。原来喜欢买《炎黄春秋》和《国家地理》，后来只买《读书》。这几年年纪太大了，眼睛不好，就很少买书买杂志了。不过，还是忍不住每个月都会来，站在店里，随意翻看这些杂志。先看杂志的目录，如果有特别喜欢的内容，偶尔还是会买回家过过阅读的瘾。这就如同有烟瘾和麻将瘾的人，其实很难完全戒掉。

书店往西，一家接一家的保健店、美容院、童装店，大多与妇女儿童有关。这些小店，父亲从没有进去看过。这些业态大约与街对面的计生中心和保健院有关，同时兼顾街头的两家幼儿园。

再往西，过金太阳幼儿园就是西南剧院，这是一座我从来没有进去过的大剧院。父亲说他也从没有在此看过剧。剧院距街面有87步，其间没有一家商店，也没有休息与休闲的公共设施，街道在这里形成一个缺乏人气的"大白墙面"。阳春白雪的剧院仿佛与下里巴人的街道、居民没有关系。我只在对面小学放学时看见有家长坐在剧院台阶上休息。

剧院西侧的8号大门边，有纪念巴金的建筑小品，是巴金的浮雕和仿古水

· 清馨书屋

· 西南剧院

· 巴金故居

· 双眼井

井。父亲路过这里，常常会看墙上的巴金故居介绍。我来这条街道不下20次，每次也都会来这里看看。并不是图新鲜，看稀奇，而是有一种膜拜的意思，每一次都有意义。巴金在成都人心里有特殊的地位，巴金故居在这里也是成都人的荣耀。不过，这里原来是张家的院子，巴金故居的准确位置要再往东一些，靠近金太阳幼儿园的地方。我在《未消失的风景：成都深度游手记》里有非常详细的考证。

往西是108号的渝州面馆，它的对面就是北大花园。渝州面馆的老板是重庆人，姓周，来这里开面馆已有十年时间。我想试探店里那位忙碌的瘦小男子是不是老板，对着他喊了一句：周总，来一两清汤炸酱面。他回答：要得。

我一边吃面，一边和旁边的客人聊天。面味道不错，配有蔬菜、豌豆，臊子软硬适中。小店还有免费的豆浆和泡菜，可随意取用。吃完面，用手机扫墙上二维码付款，喇叭里传来清晰洪亮的女高音：天津银行收款10元。当我准备转身离开时，听见刚才那位聊天的客人对周总说：再来二两，打包。

120号是一家卖茶叶的铺子，名叫"一亩土茶"，父亲每次都说是半亩茶，不知为什么要人为剪掉另外一半。卖茶叶的是一位年轻女士，中等身高，略瘦，面容白皙清秀。她是河北人，家在白洋淀边。因为爱人是成都人，所以来成都安家做生意。父亲觉得茶叶店门口摆的两张椅子非常有意思，有迎客之意。父亲在茶叶店不买茶，只买黄山贡菊，放在自家的茶叶里，起清火和降低血糖的作用。

往西几步就是兔肉店，门牌号是126号。这家店名字叫"巴井乡"。我估计，"巴"是巴金的意思，"井"就代表门口那口双眼井，而"乡"有香的意思。而巴井听起来像是巴金。这店主一定是位有商业头脑的文化人。老板在门外还挂了一幅木刻的《巴井乡赋》，百十来字，撰文者叫寇天。父亲喜欢在这里端凉拌兔丁。成都人说"端"，就是买东西打包回家的意思。只不过，严格意义上的"端"，是用自家的碗或盆子将买的食物带回家。父母过了八十岁，身体状况不太适合吃这些东西了，也就不来端了。不过，一说起这家兔丁，父亲坦承还是会悄悄流下少量口水的。隔壁128号是一家叫"鹅仙居"的卤鹅店。父亲对这家店的印象不深，也没有照顾过生意。春节前，我一大早来这里，见一位女士买了些卤鹅，作为礼物带回外地老家过年。店铺里有一个大灯箱，介绍鹅肉的食用功效。最后一句是这样写的：

鹅肉营养丰富，鹅汤鲜美可口，是广大中老年人、幼儿和免疫力低下人群食肉的绝佳选择。

看来，店主对目标对象有非常明确的定位。

双眼井在兔肉店和鹅肉店的簇拥下。在成都市区有两口著名的水井，一口是薛涛井，一口就是这里的双眼井。双眼井是巴金儿时非常熟悉的地方。他曾经说过，只要双眼井还在，就可以找到童年的足迹。我每次来正通顺街，必看双眼井，这习惯和父亲一模一样。也没有什么特别的意思，就如同和老朋友打个招呼。除开这条街与巴金有关，在成都百花潭公园内有一处巴金纪念地，名叫"慧园"；在成都龙泉驿区有一座巴金文学院，院内有巴金故居的模型。

再往西走，是倪豆花和胡记腊肉香肠店，虽然还在正通顺街上，但是门牌号已悄然变成北东街了。

正通顺街长度是408步，路面机动车道的宽度是16步，人行道宽度在5到8步之间。当然，西南剧院外面临街空坝的空间尺寸例外。在东西两头和中间位置，有三处人行横道，横道的宽度为6步。但是，很少有人规规矩矩地从这里过街，大多在街上自由穿行。店铺临街面的宽度大多在3到5步，就连小区大门也基本是这个宽度。比如，正成·香域小区大门的宽度是4步，2号院大门是3.5步宽，81号大院大门宽度是3步。北大花园要气派一些，大门的宽度也不过5步。两家幼儿园大门的宽度和北大花园是一样的。即便是正通顺街小学的校门，也只有7步的宽度。这样的街道宽度非常适合步行。我和父亲一起来这条街买过好多次东西。我观察他，购物回家后并没有疲倦的表情，总是在母亲的指挥下井然有序地开始新的家务劳动。虽然有时嘴里会叽叽咕咕抱怨几句，但是从总体上看，还是心甘情愿地按照母亲的指示"贯彻落实"。

巴金故居、双眼井，加上正通顺街小学和西南剧院，包括父亲喜欢的小书店，构成了小街的文化内涵。计生中心、保健院，还有东头的国医馆和二医院皮肤病医院构成了医疗主题。文卫题材和街头的烟火气融为一体，这是成都街头特征的典型写照。一条街可以满足普通人每天的生活所需，这就是人性化的完美街道。对于父亲来讲，生活里可以没有宽窄巷子和锦里，但是不能没有正通顺街。

谢谢正通顺街，它让我了解真正的城市细节，也让我了解不曾关注的老人生活日常。

崇德里

崇德里相当低调。要不是镗钯街路边有一个公馆模样的公共厕所（后文简称"公厕"）作为参照物，很难找到崇德里的入口。厕所边有一道小门，门楣上写着"崇德里"。过去的崇德里与三圣街、义学巷平行，直通东大街。现在，早变成了断头路，一般人都认为这不过是通向里面小区的通道。在厕所外墙上有关于崇德里的介绍，说这里原为无名小巷，1925年由商人王崇德改建后命名为崇德里。

我爱来这里喝茶，喜欢崇德里别具一格的古朴和幽静。现在的小巷长度约120步，走到头，崇德里11号小屋挡住了去路，让崇德里与东大街失去了联系。

进小巷大约85步的地方，有连续两个弯折。墙上有巨大的标牌——"谈茶，吃过，驻下"。左边是3号院和5号院，大门常闭，我透过门缝看里面，大约是餐厅包间。再往前是一家卖古旧物品的小店和一家不知什么名字的咖啡馆，都是英文店招。紧靠咖啡馆是一栋老式多层楼房，单元入口处停放着几辆色彩艳丽的摩托车。街对面也是一栋样式相仿的老式房子，砖墙上有一方混凝土标牌，刻有相关工程信息：

崇德里教工住宅楼
建筑面积：七百二十平方米
设计单位：东城区建筑设计室
施工单位：东城区和平建筑工程队
质量检测单位：东城区质量监督站
开工日期：一九九〇年三月
竣工时间：一九九〇年八月

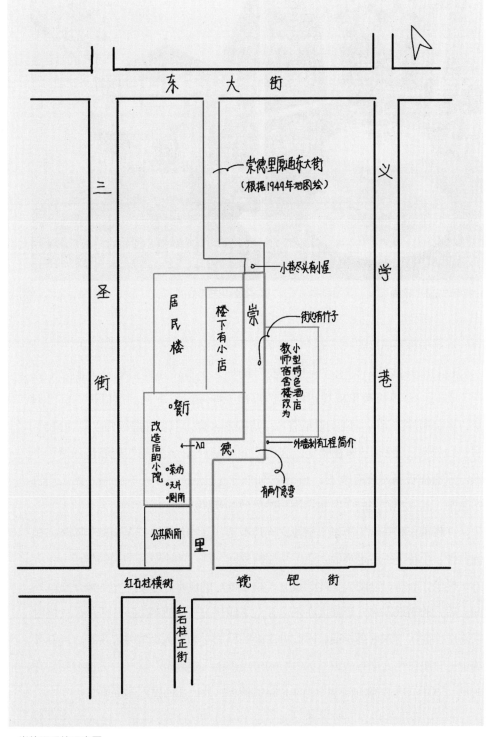

東 大 街

崇德里原通东大街
（根据1949年地图绘）

小巷尽头有小屋

街边有竹子

居民楼

楼下有小店

崇

小型特色酒店
教师宿舍楼改为

改造后的小院

餐厅

←入口

德

外墙刻有工程简介

有两个急弯

荣坊
天井
厕所

公共厕所

里

红石柱横街

锑钯街

红石柱正街

· 崇德里手绘示意图

·特制的白瓷盖碗具　　　　　　　　·崇德里转弯处

当年的施工速度好快，五个月就盖好了这栋楼房。

设计师想践行一种叫"有机生长"的理念，保留了许多细节，润物细无声。旁边一个黑板和黑板周边的瓷砖也都原样保留了下来。这里是一家小酒店，名字叫"驻下"。网上说是有12个房间的客舍，但是外墙简介上写的是2号房—12号房，不知1号房在哪里？客舍门牌号是4号，入口的红砖墙也保留了下来。原有建筑基本没有改变，用钢结构加固，适当扩展了一些空间。路边用竹子装饰，起遮挡作用的同时也增添一些雅致的情调。

在崇德里和东大街下东大街段之间现有锦江区物价局、三圣街58号院和一栋商业楼。小巷进去后走不通，还要从原路返回。现在的小巷和原来的样子一定大不一样了，当年，李劼人在此巷设立了嘉乐纸厂的成都办事处——为满足抗战期间大后方的用纸需求，李劼人在乐山开办了四川第一家机制纸厂嘉乐纸厂。当时崇德里北面还与东大街相通，因此办事处的门牌号为东大街22号。现在，小巷外墙上有一块白色大理石的编号为0142的"成都市历史建筑"牌子，上面介绍现存的1号、3号和5号院落为崇德里当年建筑的遗存，近代川西民居建筑风格。

1号院落是茶坊，同时兼设计师的工作室，最大程度保留了原来的建筑样式。外墙处开了一扇横向窄窗，在提高采光效果的同时，让内外之间有视线的交流。而餐厅的位置就属于3号和5号院子的范围了。

对老建筑最好的保护方式便是尽量保持现状，老建筑具有的审美价值以及新的使用功能在设计中需要相对分离。设计师想尽办法，想给这座城市一个"最成都"同时又"最国际"的小巷。

走进"谈茶"，茶室也有一个L形转弯。里面豁然开朗。一个长方形天井

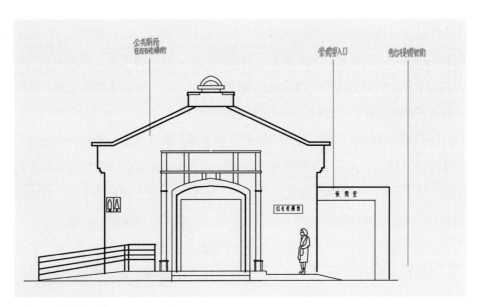

· 崇德里入口示意图

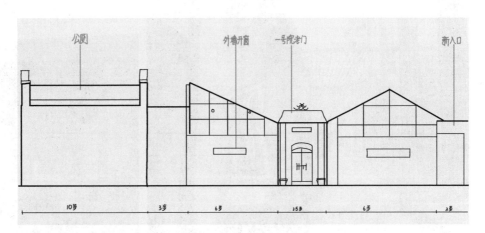

· 崇德里西侧外立面手绘示意图

上是长方形的天窗，用电动玻璃实现遥控开合，室内显得更加通透宽敞。担心下午喝茶影响晚上的睡眠，我要了一杯苦荞茶，价格38元。没有人聊天，也无人吃瓜子、打麻将，安安静静的氛围是老成都的岁月静好。茶馆一侧是张长条桌，常常有设计师在一起喝茶聊设计方案。旁边的墙上有几张齐鸿的摄影作品，是他在改造完工前几个月持续跟踪拍摄的。屋子顶部和侧面均开窗，让自然光线都在这里交融。而小天井如同一个盆子，将所有的阳光收集在一起。我每次来这里都会在天井边上同样一个位子坐下，抬头看被钢架均匀分隔为14个矩形的玻璃。玻璃周围是传统瓦屋顶，但看不见小青瓦。估计是在瓦下做了隔热和防漏处理。地面是黑色的铺装，两个雕花红砂石柱础摆放左右，像是神道入口的石雕。沿着这两个石雕之间的道路往里走，有一种神圣的仪式感。道路的尽头是厕所，解手就变成一件带仪式感的事情。

　　室内钢结构纵横交错，作为主要的结构支撑。白漆或白色涂料的使用减弱了杂乱的感觉，扩大了空间视觉张力。木柱的支撑功能减弱，但依旧是故事的主角。柱子不似宫殿里的那般粗大，0.2米左右的直径看上去有些小气，表面尽是洞洞眼眼。这可以触摸的岁月质感，是真切的成都民居味道。尺度、材质、布局是原真而合理的存在，让这里多了一些研究的味道和价值。

　　茶铺看上去更像是一个艺术家的工作室或文化展示空间。超大的纯白骨瓷

·小巷充满时尚气息

·设计精巧的茶铺座椅

盖碗，茶盖上有丝绳结成的盘花纽。一只手拿起来喝茶时需要手劲，而双手捧起茶碗又显得有些夸张。椅子是丹麦家具设计大师的作品，具有中国明式家具的一些元素。这里的椅子看上去都一样，但其实分为两种，有细微的差别。CH46型号椅子的扶手是有一点弯曲的弧形，而CH47椅子是水平扶手。我把两种椅子放在一起反复试坐比较，都非常舒服，从感觉上来讲并无差别。

餐厅是极简风格，餐具不放在桌上，而是挂在墙上。服务员说这些丹麦的椅子金贵，一万多元一把。我蹲下身子，把椅子翻转过来看究竟。椅子底部有一个小小铭牌，上面写着：

Carl Hansen & Son
Made in Denmark
Serial No：157792

这是一把编号为157792的丹麦产限量版椅子，上面有椅子设计师的签名，由于手写体太过龙飞凤舞，辨不清楚。

随意拿一本窗边长条桌上的书，是2010年9月的《星星》诗刊，翻一页，诗句映入眼帘：

在门的两边
蹲着两个看不见的怪异石狮
一个只有
躯体　没有翅膀
一个只有
翅膀　没有躯体
门开始移动　石狮发出吼叫
在暖和的日子里
石狮寻觅各自缺失的整体

玉林横街

汪曾祺说过，在他所去过的城市里，成都是最安静、最干净的。在街上走走，使人觉得很轻松、很自由。成都人的举止言谈中都透出一种悠闲。现在，玉林小区还保留着这独特的成都气质。

玉林小区曾经是城南最繁华、最时尚的居住小区，也是改革开放后成都市区最早大规模开发的小区之一。现在的玉林却成了成都老旧小区的代名词。《成都街巷志》里说，以"玉林"为名的街、路、巷有28条之多。其中有不少小街小巷已是成都老街区有机改造的样板。

玉林横街在玉林片区名气不算最大，也说不上漂亮。我选择这条街是因为它有

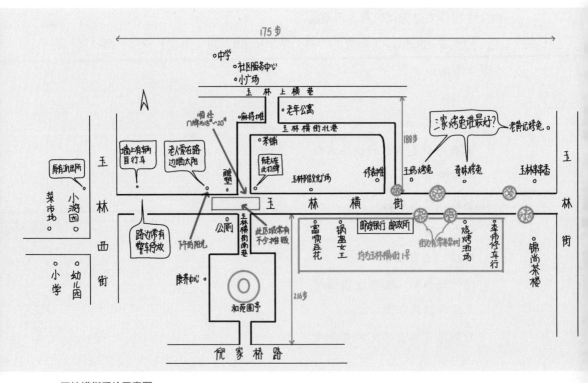

· 玉林横街手绘示意图

邮储银行、公厕，还有著名的烤兔店和无人不知的玉林串串香店。丰富的业态，让在这条街上生活的居民可以真正享受到15分钟生活圈带来的便利与快乐。

街道两侧的人行道上种着栾树，枝条纤细，树叶修长。夏天开一种黄色的小花，有点像桂花的样子，但是没有桂花的香气。这种树木作为市区的行道树并不多见。

街道东头北侧打头的是玉林串串香店，店铺占据了街角的两侧，一侧在玉林横街上，一侧在玉林路上。它早就是整个玉林片区的地标了。玉林串串香店最早并不在这里，而是在芳草东街。旁边还有家名气不小的店铺叫王妈手撕烤兔。店铺外墙上有"武侯区非物质文化遗产代表性项目"的牌匾。玻璃橱窗上有详细的价目表：手撕烤兔63元一只，半只32元，真空袋子2元一个。不过，店家建议尽量不用真空袋子，即便抽真空，冬天最多存放5天，夏天最多存放3天。在橱窗上有相关的文字介绍，说这家店起源于双流县（现双流区），2001年迁到玉林。我记下一句写得好棒的话：

· 玉林串串香是玉林横街的一张名片

回首当初，展望未来，王妈及王妈的传承者们每天要做的，依旧是将那份儿时的愉快记忆，耕作为一项朝飨千家的温情事业，并长久耕耘下去……

奇怪的是，在这家店和串串香店之间还有一家烤兔店，名字叫奇味烤兔，招牌上也写着玉林老字号。这又是怎么一回事呢？玉林老住户肖宾老师告诉我，在他的印象里，"奇味烤兔"的历史要更早一些，大约是20世纪90年代末在玉林街老菜市一个简陋窝棚里开始营业，味道相当巴适。若干年后却不见了踪影，与我一起逛街才发现原来迁址于此。

转角不远处的玉林街上还有一家叫老黄记的手撕烤兔店，这家店的历史要短一些。烤兔一只65元，半只35元，比王妈略微贵一点。外地人不大分得清楚哪家最正宗。

玉林横街南侧的商铺业态要更加丰富些，从东到西依次是锦尚茶楼、李师修车行、李扯拐成都鲜货火锅、周鱼郎鲜鱼火锅、邮储银行、永康生活馆、蒋瓜子特产店、锅盔女王、富顺豆花、九哥粮油零食铺、玉林供销社、布衣裳、四川特产好运来店、十元快剪、佳丽坊服装店，接着是和苑小区大门，大门边是公厕。再往西是华姐鲜肉店、晶晶有味调味包子店，不过包子店已改卖锅锅碗碗了。旁边是华蓉粮油批发、琪金土猪肉、特香蛋糕店、戈戈肉店、胖夫人服装店、明梅果蔬经营部。

锦尚茶楼沿街内退了许多，这让其旁边的修车店成了排头兵。修车店以维修自行车和电瓶车为主，同时还可以配钥匙、换锁芯和疏通管道。门口挂满了各种样式的锁，摆放着蓄电池和雨伞。

它的旁边是一家洋气的烧烤酒场。因为白天关着门，看不清里面的情况，只见窗玻璃上贴着两排字：

我喜欢成都
更喜欢这座城市的你

·玉林横街街景

·富顺豆花是早晨生意最好的一家小店

·街头雕像正对公厕

旁边的邮储银行还没有到营业时间，店门关闭。旁边一个店面正在营业，卖日用百货。店里张贴和悬挂的广告上写着半价处理，通选29元。这里的每一件商品都只要29元。两位大妈一边挑选物品，一边评价商品的好坏。

锅盔女王店其实在二楼，要上23级台阶。买锅盔还需要一定的体力，老年人上来吃锅盔就有些困难了。入口处门楣位置写着：

请有需要用餐之残障人士，以及生活困难需要帮助人士凭证免费用餐。

店主还非常贴心地留下了手机号码。

早晨，整条街生意最好的应该是富顺豆花店了。这里销售豆花、豆腐和豆腐干，门口挤满了人。

相对而言，街对面要安静许多。街道北侧玉林横街北巷和玉林西街之间没有铺面，是小区长长的院墙。院墙外是关于邮政文化的宣传栏和一些雕塑。

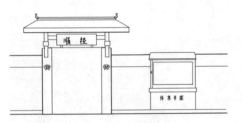

· 玉林横街顺径入口手绘示意图

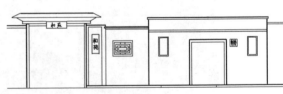

· 玉林横街和苑和公厕手绘示意图

· 玉林横街邮储银行手绘示意图

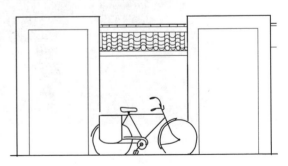

· 玉林横街墙面自行车造型手绘示意图

七八个老人坐在宣传栏下面的长条凳上，凳子上有原木色的长木板。上午的阳光正好从南面照射过来，老人们一边聊天，一边晒太阳。有些是买了菜的，在此休息一会儿，再继续回家的路。有两位婆婆自己带了折叠小凳，或者说就是马扎，可以自由移动晒太阳。在顺径大院门边有一尊雕塑，一个健壮的男子挑着担子，两头有鼓鼓囊囊的包裹，看上去像是旧时的邮递员形象。路边还有几个绿色的小店，销售与邮政有关的小物品，不过几次路过都是关着门的。有人在路边摆摊，销售前锋公司的炉具和灶具。墙头拉一幅红色的布幅广告：超龄燃气灶具更换每台补贴150元到350元。地上整整齐齐摆放着各式炉具和热水器。路边还有几个大字：玉林书信文化街区。

玉林横街北巷往里走10步左右，有一个钟表修理铺。一位修表30年的老人每天都在这里摆摊。一张桌子带四个轮，桌子上有一个玻璃框，一侧没有玻璃，算是师傅的工作台，三面挡风，顶部挡雨，操作方便。

因为这条街上有一家邮储银行的缘故吧，南侧小区围墙围绕邮政主题设计。墨绿色小店设计为邮政小亭，但感觉较长时间没有正常营业了。

往西走，有两个小区的大门南北相对。南边和苑紧靠公厕，这个小区的大门高高大大，显得非常有气势。公厕有着非常人性化的设计，而这一区域也就成了街道的重点。卖水果的小贩将摊位摆在北边小区的大门边，谈论自己的孩子为什么小小年纪就如此近视。卖花的小贩在厕所和小区大门之间不停叫卖。一位手拿鲜花的婆婆路过，卖花小贩急忙打听是在哪里买的，婆婆回头用手一指，说是在玉林中横巷。

玉林片区真有意思。几十年前是成都城南的新区，有许多大单位的宿舍，生活配套齐全。后来，成为老破小的代表，渐渐衰落了。这几年老城区老街巷改造，玉林又焕发了新的生机与活力。干干净净的街面，充满活力的街头空间，宜人的环境被人们津津乐道。当年的设计师大概没有想到会有今天的效果和赞誉。我想，三五十年后的高新区和天府新区会是怎样一番景象呢？现在二三十岁的年轻人，到那时都是老人了。他们的日常生活会幸福快乐吗？他们也会在街边，像玉林的老人一样闲聊、打望、晒太阳吗？

今年1月的一个闲暇午后，我无意间在"漫成都"公众号上看到一篇有关玉

· 路边修表摊也是居民的社交空间　　　　· 街道北侧有老人们喜欢的街头小空间

林横街的文章。在文章留言区，有位叫"兔毛球球"的读者写下这样一段话：

　　和男朋友从小青梅竹马，在玉林横街某院子里长大，我们在玉林相识相知相爱，尝遍了玉林楸楸角角的美食，散步在玉林的每个角落，笑过闹过吵过架。嗯，我们打算结婚也住在玉林！就爱玉林！我在玉林上了幼儿园、小学，在母校（玉林小学）当过老师……嗯，就是爱我玉林，玉林人有一种玉林情怀……

　　我不是一个多愁善感的人，却被这段留言"一枪命中"，快乐得、骄傲得想哭，为素不相识的人和这座城市的故事而感动。

　　通过"漫成都"主理人王红女士，终于联系到了"兔毛球球"。她说自己已不在玉林居住了，也不在玉林小学当老师了，不过会时常回玉林看看。当年她住和苑，锅盔女王的摊摊就摆在小院门口。玉林虽然变得和原来不太一样了，但依旧是成都中的成都。

肖家河正街

　　肖家河是城南的一条小河。而我们常说的"肖家河"是肖家河附近的一大片区域，大致在永丰路以西，一环路和二环路之间。肖家河正街是这个区域小街小巷的代表。我所说的肖家河正街，还包括与之相邻的肖家河中街、肖家河环三巷等。

　　我将车停在肖家河家常面馆的门前，从肖家河北街往西过成都玉林中学附属小学，在安德鲁森店往南拐，就到了肖家河正街。第一眼看到的景象让我吃惊不小，有一种世外桃源般的幻觉，这不就是我心目中老城街道改造理想的样子吗？

·站在校园围墙边观望的路人

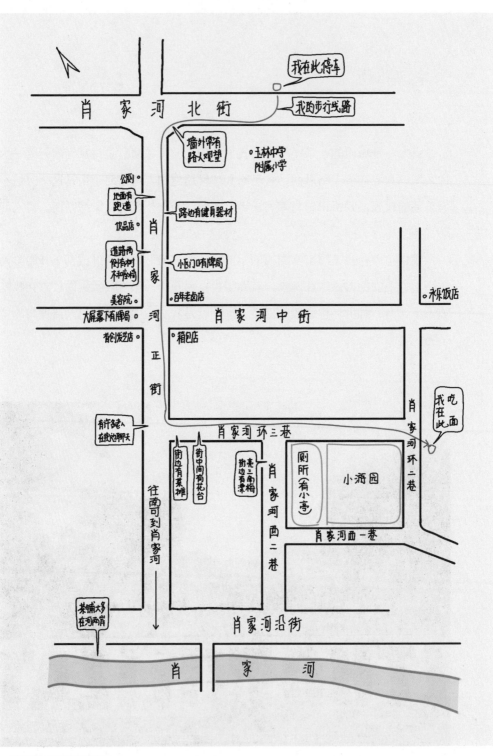

· 肖家河正街手绘示意图

·步行街成为充满市井气息的社交空间

    肖家河入口为喇叭状，地面是人行道铺装，没有划分单独的机动车道。路东侧一个中年男子站在围墙边久久地朝校园张望，仿佛在欣赏一出精彩的舞台表演。围墙本来比较高，站在外面是看不见里面的。但是，设计师有意在墙角增设台阶，站在台阶上就可以看到校园操场上的情况了。无意间，这里成为一处观景台，校园是一道风景线。追逐的身影不知疲倦，打闹声和肆无忌惮的笑声此起彼伏，快乐的童年是人生最美丽的景致，百看不厌。

    与其他特色街道改造不同，这里不是年轻人的打卡地，而是老年人和原住民的快乐天地。道路两旁的小叶榕枝叶茂密，树下间隔设置长条靠背木椅。两位太婆坐在椅子上和一位骑自行车的大妈聊天。

    大树围合形成树池，街边的椅子就靠在树池边，看上去，既节约空间，又有整体感，不凌乱。残疾人的轮椅也推到这里，加入聊天的行列。街道两边的

· 街头墙面用幽默的方式表达对老成都的怀念

· 安全的街道才会出现自由奔跑的孩子

树池相距8步，坐在街边可以清楚地看见街道对面人的五官、表情和动作。站在街两边可以互相打招呼，但是，你在这边和旁边的人聊天，又不会干扰到街对面的人。你的悄悄话，对面的熟人是听不到的。地面的铺装平平整整，白色的细长花岗石纵向拼图，如同6条标线，道路也就变成了田径赛场上的5条跑道。步行街看上去非常长，有强烈的纵深感，一眼望不到头。平日会有人在上面来回奔跑吗？想必是社区组织活动时才会用到吧。22号是一座公厕，外墙用三种颜色的小方块瓷砖铺装，有些蒙德里安抽象的味道。入口用斜坡替代台阶，这样，老年人和残疾人的轮椅就可以比较方便地进出了。肖家河正街这座公厕编号为高新505号。小贩最会找地方，他们有时会躲过城管人员，见缝插针地把三轮车停在厕所门口，车上有时是水果，有时是鲜花，选择货品均以市场需求为导向。

·巧妙的空间布局增加了街头偶遇的概率

·一根棒棒糖引发的街头故事

·轮椅和各种椅子组成的交流空间

·人性化的街头座椅促进公共空间中的人际交往

·街头棋局是男人们的最爱

·自得其乐的街头玩法

树池之间设有健身器材，除了锻炼的老年人外，是孩子们的最爱。两个男孩在腰背按摩器上爬上爬下，围着长手柄，身体卷成龙虾一样转圈。一个小女孩坐在双人钟摆器的脚踏板上，像荡秋千一样前后摇晃。一位穿黑色套装，脖子上非常考究地系一根红色丝巾的女士，坐在伸展器上按摩自己的右腿。穿翠绿色外套的清洁工一手提铁撮箕，一手拿扫帚，走走停停，不断清扫地上的烟头和纸屑。

从街口往南走120步，也就是距离公厕大约60步，有一家叫"蜜雪冰城"的饮品店。我来过这条街两次，每次都在这里买饮料。对我而言，在口渴想喝水的时候，这家店就会出现在不远处。这是巧合，还是饮品店选址高明呢？

往南，两棵树下一张长桌。桌边有两张椅子，两人对坐下围棋，一群人围观。旁边一辆自行车吸引了我的目光，28大杠男式加重自行车，绿色的车身看上去像是邮递员的工作用车。在"家和缘"旅馆旁边有充气的橡胶水池，水池里有塑料小鱼，孩子们围在水池边钓鱼。旁边商家挂一块牌子，上面写着：

决明子 5元

太空沙 5元

乐高5元

钓鱼6元

上面通玩10元

全天不限时

不远处，肖家河正街62号和泽苑门口有小型的梭梭板，孩子们从一侧爬上去，从另外一侧滑下来，乐此不疲。原本拘谨、不苟言笑的大人们，也因为看护玩耍的孩子，聚到了梭梭板旁边，有一句无一句地搭上了话。而这一处地方，变成了孩子们的游乐区域。再小一些的孩子还不能自己下地跑，只能乖乖地坐在婴儿车里面睁大眼睛东张西望，双脚在空中乱蹬。一位婆婆和两位年轻妈妈坐在一条长凳上，他们的面前有三辆婴儿车。一个婴儿双手抱着奶瓶，专心致志地喝牛奶；一个则旁若无人地睡觉；另外一个被大人抱在怀里，张着嘴不停地笑。

· 街头小品成为孩子的攀爬乐园

路边，有"休闲健身步行一条街"的文字介绍，开头这样写道：

2002年4月，肖家河街道办事处在肖家河正街修建全民健身一条街。2005年改建，年底打造成一条500米的集城市景观、体育文化、休闲健身为一体的亮点街，开创城市小区打造以体育健身为主题的步行街的先河。

肖家河正街和中街交会处是较为宽敞的区域，路口中间的地面上有一个大圆圈，是用不锈钢线条镶嵌在地面上的。圆圈直径17步，看上去像是常搞社区活动的地方。路口的西北角是漂靓点美容院，东北角是徐记百年老卤店，西南角是首创发艺店，东南角是意尔康箱包店。这个路口显得更加热闹，有多处人群聚集。中街西侧有一块大屏幕，屏幕下面有四五桌牌局，吸引不少路人观战。西南角的花台旁有几个老人自带座椅玩牌，而在西北角有四位收废品的师

· 路边著名的板凳面

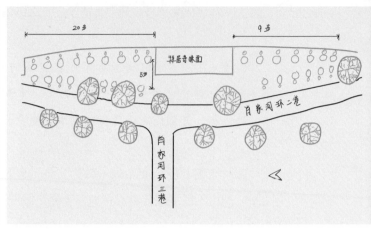

· 高低组合的塑料凳决定了
  吃面的姿态

· 板凳面平面布局手绘示意图

傅也在打牌，他们站立着围着一辆三轮车，三轮车上堆放着四处收集来的废书报和纸壳，把硬纸壳平平整整压在一叠废报纸上，就是他们的临时牌桌了。

小广场再往东就是肖家河西一巷了，这里有全国知名的肖家河板凳面。其实，面馆有一个正式的名字——"拜居奇味面"，但是，坊间都喊"板凳面"。面馆堂子不大，好像只在中午营业。顾客多了，店里坐不下就在街边靠墙摆一排方形塑料凳和一排小圆凳。方形塑料凳高一些，当桌子用。圆凳矮一些，用来坐。不管男女老少，不管亿万富翁，还是附近的装修民工，都在街边低头弯腰，非常虔诚、非常投入地吃着面。民以食为天，美食面前人人平等，有点我们小时候幼儿园里排排坐吃果果的样子。

肖家河片区改造并不惊艳，没有太多花拳绣腿的设施和莫名其妙的景观。设计师细研街道风貌现状，尊重居民生活习惯，在细节上推敲，大道至简，呈现城市老旧街区改造的优秀样板。你会觉得这里变了许多，又好像什么都没有变。你在街头观察老年人、年轻人和小朋友的表情、言谈和肢体语言，就会明白，他们是多么喜欢现在的肖家河街道。

吉泰路

与老城区街巷相比，吉泰路算不上真正的小街小巷。但研究城南新区的新街道，吉泰路是我的首选。

成都新城区的街道和老城区街巷有许多不同之处，其中包括街道的名字。比如新城区让人眼花缭乱的天府一街、二街、三街、四街和五街，以及吉泰一路、二路、三路、四路、五路和六路，而老城区很少有用数字命名的街道。吉泰路不是吉泰一路、吉泰二路、吉泰三路、吉泰四路、吉泰五路和吉泰六路的

· 吉泰路的早晨

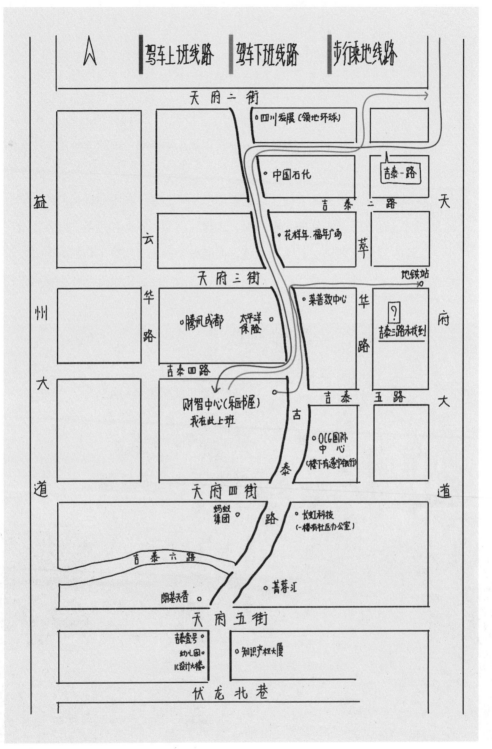

· 吉泰路和我的日常线路手绘示意图

简称或统称，而是与这几条街道串联的一条道路，这也是我上下班常常经过的路段。吉泰路同时还连接天府二街、天府三街、天府四街和天府五街。新城区的街道看不出什么成都味道。也就是说，你走在这些街上，感觉和走在新加坡或上海、北京新城没有什么差别。这样的街道让人既熟悉又陌生，既简单又复杂。

吉泰路是我在成都高新区范围内最为熟悉的街道，我对于成都新城区街道的认识主要来自这条街道。开车上下班会经过这条街道，坐地铁一号线上下班，也会走过这条街。午间休息时，我也会在这条街上逛逛，晒晒太阳，观察街头的建筑和来来往往的路人。

成都新城区的干道宽大气派，不像是心目中传统街巷的样子。相对而言，吉泰路稍显温柔小巧。

从南往北，开启吉泰路之旅吧。吉泰路的南头与伏龙北巷交界，形成一个"T"字形路口。路口的建筑群体量太大，没有高低起伏的错落感，远远看过去，就像道路尽头的一堵墙。由于大体量的吉泰锦江大厦还没有正式启用，这一带显得比较冷清。大厦占据了街道东侧较长的临街面，建筑像几座山——那种桂林地区常见的喀斯特地貌，拔地而起，各自独立，却又遥相呼应。而街道对面的建筑相对小巧一些，街边的幼儿园为这一带增添了生活的气息和弥足珍贵的市井味道。

往北，天府五街路口非常宽阔，周边高层建筑不算密集。东望是中国—欧洲中心的优美曲线。不知是否只是巧合，这里有多处朝向路口的尖角设计。东南转角处是建筑的尖角，西北转角也是迎面而来的角，路边的水池也是尖角设计。不远处建筑一层的大厅金色雨棚也是尖角对着路口。不过，东北转角处的朗基天香建筑设计就要疏朗许多。高层建筑疏密得当，有中景与远景的前后关系。临街位置是多层的商铺，有一种欢迎的姿态，也增加了路口的烟火气。

道路东侧的建筑庞大，西侧为条形的绿地和休闲区，里面有儿童玩耍的器具和成年人喜欢的健身器材。健身器材带有白色雨棚，使用这些器材需要用手机扫码。这样的设计虽然体现了高科技，但实际用起来并不方便。有些人出门锻炼是不带手机的，况且老年人操作手机并不熟练。我发现，新城区更关注青年的话题，似乎不太在意老年人的日常生活与公共空间的关系。

绿地不是简简单单的一展平，充满有趣的变化。有隆起的台地，台地上密植小树，形成小树林。有下沉式空间，让活动自然形成聚集效应，也让人站在路边如同站在看台上，良好的视野充满变化的乐趣。

过天府四街路口，道路西侧是更为开阔的绿地，这就是吉泰路活力公园。

成都是一个充满活力的城市，"活力"一词的使用频率很高，单是活力公园就有四个。其中，新都区有三个，分别是三河生态活力公园、天府动力新城活力公园、毗河绿道活力公园，另外一个就是吉泰路边的这个活力公园。活力公园严格讲不算是公园的名字，就如同美丽公园、快乐公园、好公园一样，应该是公园的形容词，或是对公园的一种美好祝愿。吉泰路边活力公园准确讲是在吉泰路、吉泰四路、天府四街和财智中心建筑群合围的区域内。我在公园旁边的一家单位上班，每天都可以透过窗玻璃静静欣赏新区的美景。

公园的主体就是一块大草坪，没有茶馆，没有儿童乐园，没有湖景，称之为活力草坪更为恰当一些。草坪在吉泰路人行道和财智中心建筑群之间展开，配合吉泰路的弯道设计，呈现不规则边缘，高低起伏让草坪多了一些野趣。树木看上去像是随意栽种的，有自然的美感，灰色花岗石石板铺路，也是弯弯曲曲的。中午出太阳的时候，附近上班的年轻人吃完饭后爱来这里晒太阳。有的站立，有的来回走动，有的坐在草坪上打牌、聊天、玩手机。如果想睡一会儿，就用上衣遮住面部——防止阳光直射，直接躺在草坪上。一位小伙子站着看书，一手拿书，一手揣在裤兜里，看到高兴处，左右晃动身体。

草坪后边的建筑也成为一处景观，错落有致，远看像是连绵的山脉，又像是大型物流园区堆积的各式集装箱，也有点像小时候爱玩的积木玩具。建筑不算高，在草坪上不用仰头就可以看到全貌。站在草地上观看的距离超过了建筑高度的两倍，这是最佳的观看距离。草坪提供了无遮挡的广阔视域，这是吉泰路最为漂亮的一段。

平日上班时公园冷冷清清，看不出活力，但是遇见出太阳的日子，一到中午，草坪上密密麻麻都是年轻人的身影。人群是上班族，有非常强的时间性，只有短暂的午休时间可以放飞自己。在新型的城市CBD商业区，与建筑群配套

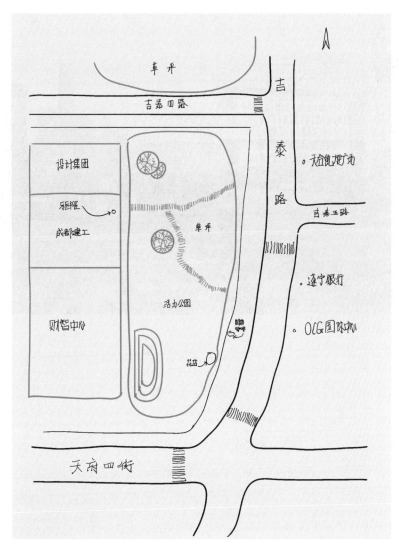

· 吉泰路与活力公园平面手绘示意图

的小型绿地或微型公园非常重要。步行两三分钟之内能够抵达的地方，才能让
上班族在半个小时的空闲时间里享受太阳的温情。5分钟配套休闲圈对上班族来
讲有非常实用的价值。我们常常讲15分钟生活圈，但对于上班族来讲，只有中
午的短暂休息时间，这种紧挨办公区的绿地设计，让碎片时间的充分利用成为
一种可能，这也是公园城市人性化与实用性的一种体现吧。

· 吉泰路人行道

　　草坪斜坡后面有错落排布的建筑群，带一些童话世界的想象，我每天就在这童话世界里上班。楼身用几何线条将建筑的视觉重量感减轻。建信人寿、交子金融、成都建工等国企的招牌散布其间，这是吉泰路最考究的组团设计。坐在草地斜坡上，沿道路走向往北远眺，看得见乐山市商业银行和对面的贵阳银行。对于一般人来说，在建筑高度2倍的距离之外，才可以比较轻松地看到建筑全貌。但是，在这里即便是站在较为开阔的绿地，也只有抬头仰望才能看到附近建筑的上部。也就说，公园附近的建筑，我们一般关注的是建筑的下部，入口和裙楼，而不太容易看见近处建筑的全貌。比如，看得到街对面一楼是遂宁银行，而不知楼顶的OCG标志。而成都建工所在的9层大楼，站在街边是可以轻轻松松观其全貌的。吉泰五路正对建筑群，周二的早晨，车子限号，我步行在吉泰五路上，可以远远望见晨光里的"山中积木"。我喜欢这早起步行的美妙感觉。

　　为了软化过于生硬的办公区建筑，形成柔性的过渡区域，在公园绿地边和人行道中间设计了一些有趣的小品。3米宽、6米长的橘红色集装箱是一家叫早

· 城市的干净美丽是因为千千万万劳动者的默默付出

安花憩的鲜花店。临街侧的金属挡板90度向上翻开，形成了一个遮阳篷，同时扩展店铺的有效空间。鲜花自然就这样顺势从店里绽放到了路边，吸引路人的目光，增加购买的概率。

斜对面，十步远是小巧的鲸鱼咖啡馆，乳白色拉毛外墙涂料，有老派水泥砂浆的质感。招牌是海蓝色的英文字，是鲸鱼的意思。老板是来自山东的年轻人，老家靠海，所以取名鲸鱼咖啡馆。因为爱成都，故安家于此。"人流量倒是大，来来往往的人走得太快，就是不停下脚来喝一杯，原来不是都说成都人很闲吗？"山东小伙子看来对新成都还不太了解。

街对面吉泰五路路口是天合凯旋港。大楼上有玖源大厦和贵阳银行的招牌。深咖啡色的外墙，小开窗和简单的竖线条有复古的味道。贵阳银行楼下有一个设施不知什么功用，模仿贝聿铭的设计风格，在上面建了一个像卢浮宫金字塔样的塔状物。

天合凯旋港往南是易上OCG国际中心，里面有遂宁银行和中信证券。入口是如意石刻造型带条状水池。外立柱有两副巨大的对联。一副是"东方入律祖国繁荣昌盛，青云干吕企业兴旺发达"，另外一幅是"改革时代变中致胜创千秋伟业，稳中求进稳健战略绘百代宏图"。门口的大红灯笼喜庆抢眼，以至于过了大年许久，依旧舍不得取下。

过吉泰四路，又是一片绿地。太平洋保险金融大厦在绿地后面。这是以宪法为主题的绿地，园林景观的设计元素，如雕塑、置石、长亭、水景什么的都有，不过看上去没有太多的特色和整体感。水池无水，有些疏于管理的样子。置石让绿地多了几分自然野趣，但是有几处布置似不恰当，和路灯或垃圾桶的距离太近。这应该也不能全怪园林设计师，比如垃圾桶应该是后来才放置的。如果再细致些，在考虑实用的前提下兼顾美观，整体效果想必会更好一些。

吉泰路与天府三街交会处是我常常路过的地方，东南角的莱普敦中心大楼下有一个不锈钢雕塑，像一滴水，又像是半个苹果。这是我重要的交通参照物。早晨，如果驾车到单位，我从北向南从吉泰路路过这里，就会直行。而如

· 逐渐形成的街头个性

· 街边来的不明的小兔

果坐地铁回家，就会从南向北，在这里右拐去天府三街地铁站A口乘坐1号线。雕塑后边，紧挨着的是莱普敦中心。大楼由两层裙楼和直冲云霄的主楼构成。由于在正对街口的位置，采用了斜45度的设计，切掉了对着路口的直角，增加了退距，让雕塑有安放的空间，同时增加了亲切感和路人驻留的时间。

中国石化大厦的外观设计颇有特色，从细节之处看得出设计师下了深功夫，但可惜被北面乐山市商业银行高大的建筑外形抢了风头，而它的南面又是一个大体量的嘉年CEO度假酒店。南北夹击，挡住了在道路上眺望中国石化大厦的视线。不过，这样的弯道设计，从南往北看，处在弯道内凹处的石化大楼探出了四分之一的身子，远远能够看到外立面"中国石化"四个大字。从另外一个角度讲，低调而含蓄，也许更能够体现一个企业的内涵与气质。从我内心而言，中国石化大厦算是吉泰路上建筑外观设计最经典的，无论是外墙干挂石材的选择，竖向线条与转角玻璃幕墙的搭配，还是顶部古代青铜器造型的优美弧度，都体现着设计师的功力，在新城区的建筑海洋里，独树一帜。

从中国石化到嘉年CEO酒店公寓的外墙是由2米高的常绿植物构成，植物

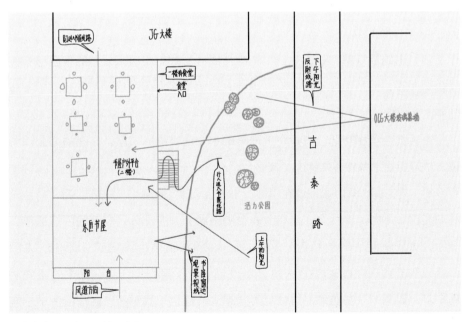

·吉泰路乐匠书屋手绘示意图

向街道倾斜，让人行道上紧贴植物墙的盲道非常局促，盲人行走在盲道上，身体要同样倾斜才能不被植物阻挡或刮伤面部。而且，在这一带盲道出现多处阻断或急转，增加了盲人行走的困难。

吉泰路往北到天府二街就是端头了，在地图上标注的领地环球金融中心所在位置，有乐山商业银行与四川发展控股分享的U形大楼，这是吉泰路北头最闪亮的标志性建筑。四川发展控股虽然体量巨大，但倒U形的设计，弱

· 街头糖葫芦

化了视觉上的重量感，让人想到了空中楼阁或彩虹。路口东北角的华西证券大楼也是高楼，但是顶部不断内收的设计，弱化了视觉体量感，让人想到了上海外滩或是纽约的某个街头。

告诉你一个秘密吧，吉泰路上最美的小空间是乐匠书屋。它在活力公园旁边，从建工食堂旁外置楼梯上二楼平台，有一个350平方米的大平台带一个250平方米的室内空间，乐匠书屋就在里面。书屋可阅读、品茶、喝咖啡，常常有沙龙活动在这里举办。春秋天，坐在大露台喝茶聊天，有几分老成都的闲情逸趣。上午，太阳从嘉华CEO酒店公寓和长虹大厦的夹缝中照射过来。下午，太阳西转，阳光照射在CEO酒店公寓外墙玻璃上，反射到平台上，温柔的阳光洒满全身，周围的一切仿佛变得灿烂美好起来，这也让我对新城区渐渐多了一些好感。

围墙

围墙常用于将临街建筑与街道隔开,这是基于建筑与街道空间对立的思维习惯。随着街道外立面和街区景观的改造,特别是破墙透绿工程的实施,围墙在弱化其防护和阻隔功能的同时,也渐渐变成了街道风貌的重要组成部分。漫步街头,会常常被这可喜的变化所吸引,城市景观在这变化中显得开朗、明亮而有趣。停下脚步,细细品味,在心中悄悄对设计师一番夸赞。

林荫中街成都七中围墙

成都人所说的七中林荫，指的是成都七中林荫校区。这是一所不错的中学，坊间夸其为四川最好的中学，四川大学是其"附属"大学。其实，学校所在街道的名称并不是林荫街，而是林荫中街。

儿子在林荫中街成都七中读书的那段时间，我们在街上的教师宿舍住了几年。从林荫中街西口到东头大约有320步的长度。大约是在儿子读高三的时候，这段路两侧的围墙进行了改造，焕然一新。

街南侧，也就是学校和我们住家的那一侧，围墙样式相对要复杂一些，而北侧的围墙样式则简洁许多。不知设计师为何要多费功夫将两边的围墙设计得不一样。

我一般走街道南侧的人行道，因为住家也在这侧。每次走过都会看看街边的围墙，像是欣赏雕塑作品。这边的围墙从下到上可分为三层：基座、墙体和顶部。基座高0.45米，有向外凸出的水平石板，形成装饰性横向线条。墙体是连续双柱式，带小青砖几何图案拼花。顶部是石材贴面的多层压顶造型。

这是一个相当复杂的造型，也说不清楚是古罗马样式还是古希腊风格，围墙内不过是成都七中校园和七中的教师宿舍，并非宫殿或公园。这过于复杂和隆重的围墙导致一些问题：

一是施工难度较大。造型复杂让现场工人的施工难度加大。同时，材料品种多，加工尺寸要求各不相同，让施工成本增加。

二是增加保洁难度。过去，简简单单的围墙，墙壁粉刷成白色，日常几乎不需要打整卫生，看上去总是干干净净的样子。新围墙有大量的空洞和转角造型，容易积灰，常有烟头一类的杂物，让环卫工人的工作量增大。

三是距离地面0.45米的高度，基座上部有宽度0.15米的石板压边，应该是出于美观的设计考虑吧。但常常有人把这个造型当成了迷你坐凳。常有行人和家长背靠墙壁，颤颤巍巍地坐在上面。薄薄的石板受不了屁股的厚爱，容易损坏。损坏后，需要特别定制加工的石材，使修补无法简单快速进行。

并不实用的围墙看起来的确漂亮，充满诗意，还带几分浪漫的情调。2014年的一个夏日午后，我用手机拍摄夕阳下的林荫中街人行道。一位女孩正好从围墙边走过，优雅大方的步态、线条优美的围墙和暖色调的午后阳光使画面具有温馨复古的味道。这张照片获得了当年美国国家地理全球摄影大赛手机摄影中国赛区寻城记奖。

·午后阳光下的林荫中街围墙

人民南路华西二院围墙

　　林荫中街往西是林荫街，再往西就是人民南路了。在人民南路西侧是四川大学华西第二医院（简称"华西二院"），这里有一段非常有趣的围墙。每次步行路过，我都会停下脚步欣赏一番，心情愉快时，还会坐下来细细研究。围墙悄悄告诉我，这是一位有心人的作品。

　　这段围墙就在华西美庐的街对面。吸引我的这段围墙大约有30步的长度，这也是墙内一栋老房子在围墙的投影长度。

· 华西二院外一段古色古香的围墙

· 人行道、行道树、围墙和老屋的组合关系

围墙里面的这栋房子有百来年的历史，我曾经到医院里去看过。这原是华西协合大学教员小楼，老房子无法移动，也不便拆除，所以设计师只好在围墙上打主意了。

围墙的风格和老房子要匹配，如果围墙过于现代，会显得房子过于老旧，与城市主干道整洁大气的风貌不匹配、不协调。而采用玻璃或镂空花窗设计，又会显出里面的杂乱。

设计师借鉴了老成都民居和老式院墙的样式，小青砖平铺和小青瓦拼花装饰，木格窗立面点缀，外覆透明玻璃，营造出墙面开窗的味道，降低墙体的重量感的同时，与里面的老屋产生呼应的视觉联系。

里面房屋和外面的围墙走向有大致30度的夹角，导致房屋东北角的立柱凸出在围墙外面。如何处理这一难题，是围墙设计最为绝妙、最为出彩的地方。设计师把围墙断开，让房屋东北角外伸出围墙。此处地面建花台，路人虽然看得到房屋一角却无法靠近屋角立柱。这样，房屋和围墙成为一个相互融合的造型整体，发挥新老建筑的组合优势，巧妙解决了老屋超过围墙的难题，又保证了安全。

围墙距离路缘石17步，这也是此段人行道的宽度。围墙外的空间显得非常开阔，形成了一个道路的小节点和趣味中心。这里有三棵大树，树下有三张长椅。过往行人喜欢在这里坐坐，享受夏日凉爽的同时，观赏街头的景致。而围墙与老屋的组合成为一处有历史意味的街头景观，修旧如旧的手法吸引了像我这样"口味挑剔、眼睛毒辣"的都市寻访者。

时代发展，围墙在变，人民南路沿线许多围墙也长得比原来漂亮了。锦江宾馆的围墙变过许多次，现在围墙变成了我喜欢的大花台，既衬托了宾馆主楼的气势，也增添了街头的视觉变化和趣味。而离华西二院围墙不远处的华西口腔医院围墙也深受广大病人喜爱。通透的围墙里有两种颜色的三角梅常年绽放，这让牙病患者多了一些心理安慰和对未来的美好期望。

人民中路文殊坊新围墙

从人民南路一直往北就是人民中路。这段路一直以来都相当无趣，最近改观不小。

从文殊院地铁站的K口出来，往南过白家塘街就看见这焕然一新的围墙，眼前一亮。

严格来讲，这种简约中国风样式的围墙在成都不算什么稀罕，在太升桥头就有这样的围墙。不过，这里的围墙更加精致优美，比例关系更加考究，和翠竹搭配更有诗意。

围墙沿东侧人行道展开，从路口开始一直往北大约有154步的长度。围墙外是8步宽的绿地，把行人和围墙隔开。绿地和公交车站之间有4步半的宽度，行人往来比较方便。

围墙里是文殊坊新扩建的区域，隐约可见墙内仿古建筑的屋脊与飞檐。围墙的高度控制非常好，弧度最低的地方大约有1.6米，正好在我眼睛的高度，这

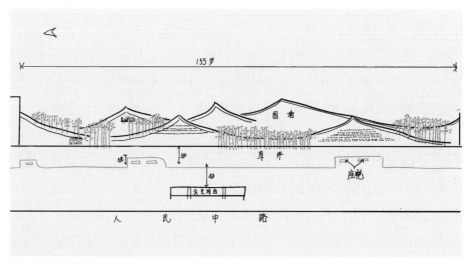

· 文殊坊新围墙手绘示意图

就可以起到巧妙的阻挡作用。有隐隐约约的朦胧感，又不会过于遮挡视线，没有空间的压迫感，有一种轻松自在的感觉。而这样的围墙高度又不让人一览无余，再加上翠竹点缀，半遮半掩的神秘气息，便让人生出一探究竟的念头。

·颇有传统园林气息的街头围墙

这一路的地面铺装也进行了改建。灰色与黑色石材的搭配使用，将古老与现代糅合在一起。设计师大约是受到吴冠中绘画作品的影响，将传统建筑中的画意元素与现代城市的抽象美感融为一体。

有两处绿地退距形成的小块空地，放置有石长凳，长为3米，宽0.55米，高0.45米。长凳的使用率很高，我每次路过都看见有人坐在长凳上玩手机、看闲书、打瞌睡，看来这是路人的真爱。

围墙分为前中后三层，相互交叉错位，形成鳞次栉比的视觉重叠。人字形坡屋顶进行了夸张拉长，增大弯曲的幅度，像传统书法中的瘦金体风格。设计师仔细考虑了围墙的高度，确保在高度最低的位置行人也不容易翻越围墙。同时，前后的错落和叠加降低了围墙视觉高度，丰富了线条的变化。而翠竹的装点更让围墙有江南水乡的画意，弱化了围墙的刚性。

人民中路以及人民北路的街头景致相对单调呆板，缺乏情趣和美感。人民中路后门体育中心一段改造后的场景让人充满期待。再往北的街头亮点就是这一段仿民居式的围墙，如果将文殊院街入口两侧进行改造，再加上万福桥头人民饭店的景观打造，人民中路将会在视觉效果上发生很大的变化，同时让城市中轴线的南北景致平衡而协调。未来，火车北站片区改造完成，成都南北轴线将成为真正名副其实的景观大道。

文殊院街文殊院围墙

沿人民中路文殊坊围墙再往北，不远处就是文殊院街。文殊院在街北侧，北侧的这段围墙，从文殊院大门向西一直到人民北路的牌坊处。

从人民中路往东拐进文殊院街，第一眼看见的就是牌坊。

穿过牌坊，右边是一个小塔。左边有一棵歪脖子大树。大树边有一小屋，距离牌坊大约13步，这是北侧围墙的起点。其实，这一段路的南北两侧都有围墙，样式差不多，颜色也差不多，但是，我偏爱北侧这一段，因为下午的阳光正好照射在这段墙上，这是创作摄影作品的好地方。

往东前行50步，墙上并排5个小窗口。这小窗口在全年大多数时候都是关闭的，窗口的颜色和围墙是一样的，不引人注意。不过，这却是我这样的街头考现学爱好者关注的重点。我记得只有过大年的时候，小窗才会打开，目的是缓解大门购票处的压力。不过，文殊院免费开放后，这些小窗也就失去了作用，再未打开过，成为一种可有可无的墙面装饰。

·清晨的文殊院街

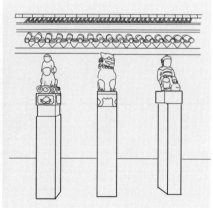

·人行道石雕小品

往前再走47步，路边有三座雕塑。武士、狮子和猴子雕塑分立石柱上。石柱1.35米高，截面是边长大约0.25米的正方形。柱顶雕塑只有0.5米高。大猴子身背一只小猴子，大猴子的眼睛高度1.65米。武士的胸口也是这个高度，这是行人眼睛最舒服的观看高度。这是成都市区里街头雕塑视线高度设计得最好的一处，小巧的尺寸和街道的宽度也是绝配，堪称完美。

人行道的宽度是3步，机动车道大约是10步。

再走31步，又有两个关闭的小窗口。继续往前15步，就到了八字墙边上。

10步长的八字墙，大门左右两侧分立，呈现对称布局。这样让大门外的空间显得开敞，凸显文殊院建筑的气势。围墙在大门右侧继续延伸，一直到文殊院巷。

晚上，人行道有路灯照明。35步的路灯间距，让小巷显得有些幽暗，和深蓝的天空以及大红的围墙搭配，充满禅意古趣。

一段围墙就是城市的一段记忆，展现城市文化和城市气韵的一个侧面。黄昏中，有许多年轻人在此拍照，流连忘返中，原本用于隔断的冰冷围墙也就变成了城市风景中最暖人的一部分。

大安中路四川省建筑设计院围墙

　　20世纪五六十年代，成都北门一带是这座城市建设最活跃的区域。建筑设计院和建筑施工企业也大多选址落户这里。现在，城南成为城市宠儿，这些单位又纷纷在城南设立了新总部。

　　四川省建筑设计院在大安中路，这是古城东北段古城墙的位置。因为设计院在城南修建了新办公楼，员工大多搬了过去，这里显得相对有些冷清。

　　紧邻办公区的东侧是单位的宿舍区，最近修了新围墙。我到太升北路的父母家，会路过这一段围墙。有时候，我会停下脚步，反复研究这段颇有些技术含量的院墙。在这冷清的地方，夜幕中独自一人抬头观望，看上去像是提前踩点的小偷。

　　出设计院大门往右是62步长的白色围墙。再往东是一栋多层老式楼房。楼房外面也有一小段围墙，长度约为28步，这也是这栋老房子临街面的长度。前

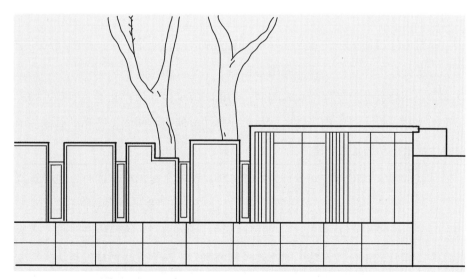

·四川省建筑设计院围墙手绘示意图

段时间，这一段街道进行了整治和美化。当时，我最关心的是设计师们如何处理临街老建筑与新围墙的关系。

· 兼顾采光、隔音与防盗功能的围墙

工程完成后的效果超出了我的想象，这是一个聪明的设计。在接近一米的基座上是1.7米左右高的透光磨砂玻璃，有效阻挡行人内窥的视线。采用玻璃是为了一楼住户有良好的采光，同时挡住部分噪声，减少马路上汽车对住户的干扰。这样的围墙高度既可以有效阻止墙外的翻越，又能够保证墙内住户充足的采光。院内的大树还可以按照原来的样子，歪歪斜斜，不慌不忙地从围墙顶上冒出来。

这是一处规模很小，看上去并不起眼的微改造，但是，可以从围墙尺寸把握和细节处理上感受到设计师的用心和专业水平。虽然并不认识设计师，甚至连名字都不知道，但是仔细观察围墙，仿佛听得见设计师在和每一位路过的人说话。亲切、宜人、实用、简洁，其实这是任何城市空间的设计和街道设计中最朴素的道理和最基本的原则。

从我的住家到父母住处步行大约25分钟，基本上是沿府河而行，途中景致乏善可陈。但是，自从有了这段新围墙，设计院就成了我来往途中的重要景观节点，有了公园般的地位。其实，在日常生活中，我们不太可能天天逛公园，天天搞联欢，但我们都会找到每天的小欢乐和小确幸，在平凡生活中发现美，享受美。城市街道中一处精彩的细节，往往会成为普通人长久的美好记忆。

井巷子文化景观墙

　　成都市区最有文化含量的围墙应该是井巷子这段吧。

　　围墙高低起伏。矮墙高度为1.91米，高墙为2.4米。这样的起伏变化，既考虑墙后面小区住户的采光和隔音，又兼顾视觉的美感和街景的变化。

　　在我的心目中，宽窄巷子景区最有意思、最有老成都味道的景点应该算是井巷子了。《砖》文化景观墙是井巷子中一条400米长的雕塑墙，为东西走向的北侧院墙，是艺术家朱成老师的作品。大概算是国内第一个城市墙砖主题的露天博物馆。

　　观看的顺序，应该是从西往东，也就是从井巷子靠同仁路那头开始。第一个是宝墩遗城。新津宝墩古城群遗址的发现把成都的城市文明史往前推到了距

· 围墙边细细品读的游客

今4500年。墙上有一个普通窗户大小的木框，木框里是贴墙密铺的黄土，这是2008年从新津宝墩村古城遗址现场取回来的原土。

往西一点的墙上是羊子山土台的土砖，所用黄土取自市区北部羊子山遗址。土砖尺寸为60cm×40cm×10cm。羊子山土台是西周至春秋时期象征古蜀国最高权力的大型礼仪建筑，是举行祭祀仪式的固定场所。

再往西是由密密麻麻的汉砖组成的砖墙，大概有好几百块吧。品种有平素砖、绳纹砖、花砖、图纹砖和画像砖等。汉代的成都经济发达，文化繁荣，有著名的车官城和锦官城。这段也是文化墙最为精彩、最为宝贵的部分。

挨着汉砖的是唐砖，唐砖比汉砖略小。砖不是唐代原物，而是仿同仁路唐代古城墙遗址砖做成的。采用平砖顺砌和平砖丁砌展示在墙面上。

唐砖旁边是仿宋代的砖，不过不是墙砖而是地面用砖。采用了立砖的多种砌筑方式。宋代的砖大多为青灰色素砖，看上去比唐砖秀气。其中一段是成都江南馆街南宋时期路面的砖砌筑样式，不知是原物还是仿品。

明代的城墙砖明显块头大许多。这批民间征集来的墙砖有三种规格：最

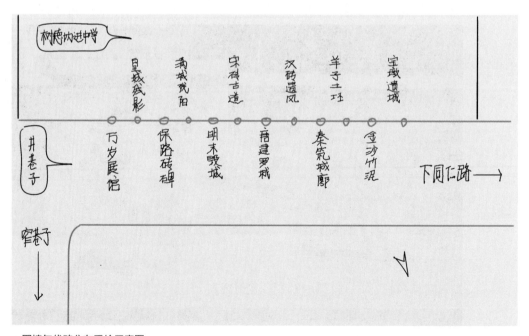

· 围墙年代砖分布手绘示意图

大的是49cm×26cm×11.5cm，中等大小为35cm×26cm×6.5cm，小一些的是30cm×16cm×7cm。

在明代城墙砖西侧是清代的民居墙砖，明显比明代城墙砖小了许多，尺寸为28cm×19cm×3cm。采用清代老片砖砌筑方式，平砖顺砌和立砌。侧砖顺砌为空洞，内填充24墙体。这样的砌法，既节约建筑材料，又起到了冬暖夏凉的效果。墙上用了一张美国人那爱德1911年拍摄的照片，文字介绍为成都少城风光。但是根据我的考证，照片应该是在大城东边四圣祠一带拍摄的。

再往西是仿辛亥秋保路死事纪念碑的青砖，尺寸为24cm×12cm×6cm，我比较喜欢这种砖的尺寸，都是6的倍数，看上去比例非常协调。现在的普通红砖也是这个规格吧。辛亥秋保路死事纪念碑矗立在人民公园里面，修建于1913年。

按照这样的参观动线，辛亥秋保路死事纪念碑碑砖之后就是老皇城的用砖了。不知为何采用这样的顺序，而不是将皇城砖块与明代墙砖放在一起，避免时代错乱。围墙上展示的是采用明代城墙样式砌筑的城门洞。成都的城门洞早已消失，只有在这里还可以得见昔日城门的气势。

很有意思的是，这里居然还有四川科技馆（最初叫毛泽东思想万岁展览馆）在1969年建成时使用的外墙瓷砖。这是景德镇特制的米黄色亚光瓷砖，尺寸为20cm×12cm×3.5cm。2006年外墙瓷砖全部更换，这批老瓷砖是朱成石刻艺术馆捐赠的。

过一个戏台和一棵大树，展现的是原大慈寺片区的一段老墙，是整体编码原样迁移到此的。墙体由跨度上百年的各种各样的砖组成，包括青砖、七孔砖和红色的火砖。上面有一张纪雅楠于2008年拍摄的大慈寺围墙照片。纪雅楠是谁？是大慈寺附近的居民，还是一位摄影师？七孔砖现在非常少见了，在我的童年记忆里却印象深刻。这里展示的七孔砖尺寸为24cm×18cm×11cm，比常见的红砖大一些。

还有一段是水泥砖和老青砖混合砌筑的围墙。

青砖是黏土烧制的，黏土是铝硅酸矿物长时间风化的产物，有很强的黏性。将黏土用水调和后制成砖坯，放在砖窑中煅烧成砖。黏土中含有铁，烧制过程中完全氧化时生成三氧化二铁让砖呈现出红色。如果在烧制过程中加水冷却，使黏土中的铁不完全氧化则呈青色。这就是红砖和青砖的区别。

水泥砖是利用粉煤灰、煤渣、煤矸石等作为主要原料，用水泥做凝固剂，不经高温煅烧而制造的一种新型墙体材料。青砖和红砖都是由黏土烧制而成的，需要使用大量的黏土，消耗煤炭、污染环境。而水泥砖是由水泥、电厂的污染物粉煤灰、炉渣等硬化而成，不需要使用煤炭烧制，对环境的污染小，自重轻，强度大，所以国家大力推广使用更环保的水泥砖，许多城市已经开始禁止使用青砖和红砖建造房屋了，用水泥砖取而代之。

再往西一点的围墙里面有多块城隍庙的文字砖。城隍庙文字砖尺寸为 $31cm \times 18cm \times 6cm$。但是这些砖没有说明从何而来。古代成都的城隍庙有多处，包括都城隍庙、府城隍庙、成都县城隍庙和华阳县城隍庙。从这些文字砖上无法分辨其来源。

对我这样的本地人来讲，宽窄巷子没有太大吸引力，安安静静在井巷子走走，仔细看看围墙上的这些砖，仿佛老成都又回到眼前。我每次看到这些老砖，心里总是会说：朱成老师真厉害，在哪里淘到这么多宝贝！

转角

街头转角处往往是城市最精彩的地方。一处设计巧妙的转角，会吸引路人的目光，让人们的脚步慢下来，从而让商气、人气的聚集成为一种可能。转角处的建筑表现出丰富的个性，设计风格中暗含的建筑语言，如同人的面部表情和肢体动作，热情、恭候、冷漠、排斥，不同的路口转角，代表不同的城市情感。

东城拐街转角

　　拐，在成都话里是转弯、拐角的意思，也指身体的肘部。此外，"拐了"是形容出现了差错或发生了问题，是事情发生了拐弯。

　　成都街名里有含"拐"字的，比如三倒拐街，是拐得非常厉害的街道。东城拐街在成都老城区的东北角。我看了不少相关资料，发现对这条街道的介绍多多少少存在一些疑点，或是没有说清楚的地方。东城拐街的"拐"，到底有什么与众不同的地方，这是搞清楚东城拐街历史的关键。

　　吴世先老师写的《成都城区街名通览》是研究成都街道的经典读物。按照吴老师的解释，东城拐街东起红星路一段，西止太升北路，北滨府河，南侧有巷道通狮马路，长644米。西段多街办小厂，东口多居民住宅。原为旧城墙外一片坟丘洼地，解放初，沿府河一带住宅逐渐增多，形成街道，因弯曲多拐，习称东城拐街。

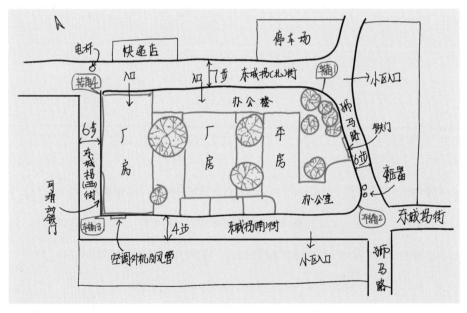

·复杂转角手绘示意图

· 转角围墙

《成都街巷志》是一部内容翔实的街道历史专著。民俗专家袁庭栋老师在这部书里说：

东城拐街位于府河南岸的红星路一段与太升北路之间，也就是老成都所称的下河坝一带。这里原来是北城墙外的一片荒地，还有一些坟园。民国时期在没有统一规划的情况下自发地修建了一些房屋，为了将就那里并不平整的地形，就逐渐形成了一条弯曲的街道。成都方言中把转弯称为倒拐，所以这里的街道就叫作了东城拐街。在府河两岸综合整治之后改建成了宽阔的大安东路。

东城拐街和狮马路相交。研究东城拐街会涉及狮马路。

按照吴世先老师在书里的解释，狮马路南起小关庙街，北通东城拐街，弯曲，整体呈"T"形，有数条出口。清代无此街。1921年商人张少斋在此建房，欲将该地办成商业中心，逐步形成街道，因南口地处狮子巷与马镇街之间，故名狮马路。

我细读这些资料，觉得有一些疑问值得细细探讨。

首先，东城拐街没有消失，现在依旧存在着。它和大安东路相距一定的距离，两者并没有合并。

其次，东城拐街是在老城墙的外面吗？大安东路所在的位置是在城墙外，但是，东城拐街看起来像是在城墙内。

还有，东城拐街到底是咋个在拐的？如果是简单转一两个弯，不用起一个什么"拐"街，因为成都倒拐的街道太多了。成都人都爱说"抵拢倒拐"。

再者，东城拐街是建在城外空坝坝上的吗？如果是这样，那就容易规划和建设了，有什么必要修得拐来拐去呢？拐起来的原因到底在哪里？

此外，东城拐街和狮马路究竟是怎样一种位置关系？究竟是谁在拐谁，如何拐在一起的，好像也不太清楚。狮马路原来"T"字形的两个耳朵，现在又到哪里去了呢？

手绘地图上的东城拐街是东西走向，在中间倒了两个拐。南北走向的是狮马路，它是由两段构成的。

为了便于描述，我将东城拐街比较复杂的区域，标注为东城拐北街、东城拐南街和东城拐西街，或者叫东城拐街北段、南段和西段。

我在实地仔细寻访比对后，发现东城拐街的走向并不是手机地图上的样子，而是类似刀叉的样式，也就是说东城拐街并没有被截断，而是较为复杂地连在一起，并且产生了4个转角。这样，我们可以看到东城拐街的"拐"显现出与众不同的多样性。我在地图上将这些转角用数字逐一编号标注，在这四个转角包围的区域就是集火实验室。

这一带看起来盘根错节，不用急，一个拐一个拐地聊吧。

东城拐街与狮马路相交形成了两个转角。一个是转角1，这是一个大于90度的钝角转弯。一个是转角2，一个小于90度的锐角转弯。

东城拐街北段和狮马路形成一个大转角，北侧的街道有7步宽，东侧的狮马路有6步宽。转角处有一道2米多高的围墙。原有的建筑肌理得到了很好的保护，继续发挥功用。旁边是三层楼房，更换了窗户玻璃，建筑风貌和肌理没有大的改变。

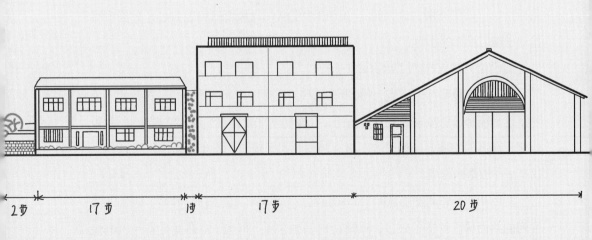

· 东城拐街北段南侧立面手绘示意图

围墙有一个自然的圆弧，轻柔流畅。围墙露着红砖，透露建筑的年代。1.4米的高度上是用青瓦层层堆叠的鱼鳞状，堆叠高度接近0.5米。在靠近楼房的地方，出于安全的考虑，有局部0.7米的水泥墙加高。

大门开在东侧的狮马路上，3步宽，门牌号是狮马路92号。从这一点可以证明，这一小段路属狮马路。这是一道大铁门，倾而不倒、垂而不朽的样子仿佛是在捍卫昔日的荣光。门是暗红色的对开样式，在右扇门面上复开小门。行人只要近门停下脚步，里面的狗就会凶巴巴大叫。铁门里面是集火工作室的办公室，办公室往后是两栋紧挨着的厂房。厂房经过了改造，除了加固和保温隔热处理外，通过增加天窗改善自然采光效果，并增添戏剧化的色彩。厂房常常作为讲座和演出活动的场地，吸引了不少年轻人。

这一段的狮马路和东城拐街南段形成一个转角，角度略微小于90度，在示意图上，我标注为转角2。转角2的屋顶被小青瓦覆盖，呈接近四分之一圆幅状，屋面瓦是三段扇形的衔接。墙面原有一个开口，像是食堂打饭的窗口，现在已经堵上了。在墙根从地面往上半人高的位置是条形灰色瓷砖，不知是出于美观的考虑还是保护墙体的目的。10kVA的变压器就安放在这个转角处，仔细看电杆上有"喇嘛寺"的字样。这是个非常重要的信息，古代的喇嘛寺应该就在这里。

南段只有4步宽，所以我从来不敢把车开进这里来。东城拐街17号大院就在南段南侧。南侧有两台庞大的工业用单冷空调，通风管从墙上穿过，如同弯腰偷窥、破门而入的小偷。

南段西头就是东城拐街西段。

西段比南段略微宽一点，约6步。它和南段形成了90度的转角，在我的印象里，这是成都最急最窄的直角转角处，开车转弯非常困难。我叫它转角3。西段西侧是高高的院墙，东侧是老厂房。墙面开门开窗，门是带滑轨的推拉铁门，这是近年改造的结果。

西段和北段转角是示意图上的转角4，在现场看，显得比较开敞。因为北段往西的路面早已扩宽了许多，只是在这里被老房子阻挡了。转角处有一根电杆让原本7步的街面宽度在这里变窄为4步，成为交通瓶颈。

北段的门牌上写的都是东城拐街，这也是东城拐街最具特色的街面。

街北侧是停放机动车的大楼，楼下是京东快递的一个分拣店。南侧是集火实验室最主要的临街展示面。从西向东依次是20步长的红砖厂房，17步长的混凝土厂房，17步长的老办公楼。最东端就是大转角的圆弧，圆弧的半径有2步的长度。红砖厂房"人"字形的坡屋顶搭配带弧顶的大门，有一种宗教的仪式感。富于变化的红砖外墙，让厂房看上去更像是艺术的殿堂，充满历史的沧桑感。

旁边三层楼高的混凝土厂房要稍微新一点，原来的大门被年轻的设计师们改成了带反光膜的几何造型玻璃门，充满现代感，有穿越时空的魔幻感。它的东侧是一栋两层楼房，看上去像是原来的工厂办公楼。脱落的混凝土抹面下露出老旧的青砖。

据说，这里的外立面有几次险些被迫换上了新衣服。集火实验室的员工们化险为夷，让老旧的样式保持到了现在，因为这里的老板刘洋先生提倡"廉价美学"。其实，对旧物的保护，不是简单地拆掉或改变。修旧如旧，安安静静保持原有的样子，才让人有怀旧的地方，找得到城市旧日的痕迹。

集火实验室所在的地方，原来是一家精细化工厂。化工厂的前身是什么呢？前文我提到了集火实验室外面的电杆上写着"喇嘛寺"。有一种可能，精细广场的位置原来就是喇嘛寺。对照老地图可知，喇嘛寺原来的位置就在这一带。而喇嘛寺在城墙的里面，靠近墙根。所以，可以推测，东城拐街是不会在城墙外面的。修建在城墙内的街道，由于原有建筑的阻挡，会产生弯曲和转折，这就是产生"拐"的历史原因。

成都有许多街名都特别有趣。街是老街道，街名是老名字，从中可以发现研究的线索，而通过实地寻访，又往往能发现更多的问题或疑点。如果有足够的耐心、基本的历史知识和较强的逻辑推理能力，也许就能在这些不起眼之处找到城市史研究的新角度。这些微观的细节，往往会让我们更加接近城市历史和演变的真相。

十一街转角

　　抗战时期，沦陷区大量人口西迁大后方成都，为了缓解城区安置压力，在南河以南、华西坝以东这一带，修建了居民新村。新村的主路为致民路和龙江路，而垂直于主路修建了几条支路，从东到西依次用数字命名，十一街就是东端第一条支路。

　　五嬢叫什么名字我不知道，反正只晓得她是三嬢的妹妹。三嬢我很熟悉，但她的名字我也不知道。

　　五嬢的铺子在转弯处，两面临街，一边是十一街，另外一边是致民路。铺

　·十一街还保存有成都市区少见的老房子

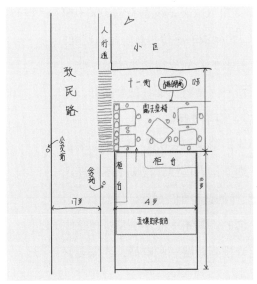

· 转角手绘示意图

· 转角小店立面手绘示意图

子像是川西农村么店子，卖些饮料和香烟，是老成都常见的街边小店。不过，现在这样的小店在市区里面已非常少见了。

过去常逛十一街。今年我又去了两趟。重点考察转角处五孃的小店，这是原来被忽略的重要点位。

十一街地面上多出了一条白线，从南头到北头。商家只能在白线东侧，也就是靠商铺一侧摆摊，这是规范化管理的需要吧。我用脚步进行丈量，白线与小区围墙有5步的距离，与商铺之间的距离为7步。商家充分利用这7步的宽度，将店铺的营业空间尽量延展。

现在，三孃老了，已将自家麻将铺子出租了，租金每月6千元。自己亲自做当然能挣更多的钱，但是太辛苦了，60多岁的人了，精力和体力都不够了。租出去的铺子开了一家叫"拈一筷子"的馆子，三孃非常自豪地说这是目前整条街上生意最火的一家，好像她是"拈一筷子"的老板似的。

三孃有空爱来这里看看，也帮妹妹五孃搭把手，姐妹俩感情一直很好。五孃白天摆摊卖茶，最近价格涨到了15元一杯。晚上卖座位，一个座位10元，原来是5元一位。在这条街上任何一家馆子吃饭，如果人太多，没有座位，又不愿意排队久等，就可以在五孃的地盘上找位子坐。10元钱的座位生意，是从傍晚5点开始的。将两把白天用的遮阳伞先收起，让有限的空间显得稍微宽敞一些。因为两把伞是紧靠在一起的，在收一把伞时，得有人要将另外一把伞搬开，才能从伞托里取出伞杆，抬到路上开阔一点的地方，将伞收起。

屋外，在十一街街边摆桌子的区域是一小块矩形地，长6步，宽5步，喝茶可以摆放5桌，吃饭拼桌的话，可以摆放6桌。地面画有白线，摆桌子不能超出白线范围。在有限空间里摆放的桌子越多，自然挣的钱也相应越多。

喝茶的座位和吃饭的座位摆放方式是不一样的。喝茶一般不拼桌，但是吃饭的桌子常常是两张或三张拼在一起。如何组合排列颇费一些脑筋，这需要好用的数学脑壳和丰富的实战拼图经验。

十一街东侧是连排的两层老房子，一楼临街共有11间房子。五孃房子的跨

· 黄昏时分的十一街

度是4步，这和旁边铺面的开间是一样的。人字形悬山坡屋顶，是老成都常见的民居样式。两侧L形临街的门面是传统插槽式木板门，而不是现在的金属卷帘门。门板宽度在0.17到0.19米之间，一张一张依次插入门上下的木槽中。门面上有一小门，有0.75米宽。木板插满后，依旧可以从小门进出。里面有5步的进深，隔墙有四根不太粗的木柱，这是传统穿斗结构的老屋。木柱之间用竹编泥墙隔断。街头的墙上有十一街民居的文字介绍：

每间开间均为3.3米，深6.6米，高8.2米。

在这里喝茶的客人解手都要去公厕。最近的公厕在十二北街，成都市七医院的大门边。从十一街走过去大约有150米的距离。按照设计规范，一般来讲，公厕设置的间距大约是500米，也就是说，在250米的范围里至少有一座公厕。但是，吃饭喝茶的人上厕所的频率更高，到250米远的地方上厕所就太不方便了。如果在十一街吃饭喝茶，上厕所的距离太远，生意一定不会有现在这样好。

天色渐暗，小街照度按照餐馆的标准来讲是远远不够的，各家都在屋檐下或门楣上增加了大功率的射灯。夕阳下，天空还有微光，加上射灯和白炽灯，构成了温暖而丰富的色温图谱。招牌也是各式各样，"虾脑汇"是发光字，有"全球唯一总店"的联系电话。"苍蝇馆子"是老套的黑体广告字，红底黄字。"巷巷面"用楷体，看上去底调柔和。"幺鸡面"是蓝底金字，字体妖娆，有两盏射灯把招牌照得闪闪发亮。旁边的"老街称盘麻辣烫"是手写体，字体稳重又不失变化，是康熙体的现代演变版。最当道的是转角处的五嬢小店，是杂货店和茶铺的结合体。按照三嬢和五嬢低成本扩张的思路，转角这家店一直都没有自己的招牌，只是在柱头上有"冰粉凉糕"四个字。路口还有一家卖乐山甜皮鸭的摊位，与小店遥相呼应。这是一辆四层的手推车，除了甜皮鸭，还有香酥鸭和盐水鸭。甜皮鸭每斤28元，时不时有人来买。

这转角商铺是成都老城区域里面最具老成都味道的小卖部。在我的记忆里，儿时成都街头有许多这样的小卖部，不少就是在街道的转角处。

十一街只有12步宽，致民路要宽许多，单是机动车道就有17步的宽度。转角处的圆木柱由于年代久远，无法独立支撑，在旁边增加了一根0.35米见方的砖柱。店铺两侧用的是传统门板，夜晚铺好门板，关锁门户，清晨打开。每块门板宽度在0.17到0.2米之间，高度大约2.2米。

转角小店在十一街这侧的店面宽是4步，致民路一侧的店面宽度虽然有10步，但是摆放货柜的展示面也只有4步，其余都是墙面。货柜里以饮料和小吃为主，饮料有怡宝纯净水、康师傅冰红茶、经典美味可口可乐等，小吃是花生、饼干和方便面等。墙上有售卖香烟的玻璃架子，都是些宽窄和娇子这样的本地品牌烟。

小店旁有1022路公交车终点站，起点站在街道对面。站在致民路上看十一街，可以看到店铺所在一排房屋的侧面。发现这人字形坡屋顶并不是对称的，朝十一街要短一些，背对十一街要长一些。这是为了保证临街面有较高的立面空间，看上去气派，同时也让二层的阁楼窗户有最大限度的采光。而另外一侧较长的长度，是让房间有足够的进深和使用面积。

十一街南北走向，小卖部在北头。上午的太阳照在小卖部的北墙和朝东的货柜上，下午西晒的阳光照在房屋的西侧，这是小卖部的背后。我熟悉这里的人，熟悉这里的环境，熟悉这里的光线。周末的上午，我来这里喝茶，阳光温暖。下午来这里，躲在大伞的阴凉里和五孃聊天。说实话，五孃没有三孃健谈。我和五孃有一句没一句说话的时候，心里在想，三孃好久过来？

暑袜街老邮电局转角

如果要评选成都十大最美转角，这一处定会入选。

暑袜街的历史比十一街要悠久许多。暑袜街是老成都的南北主干道，华兴街是当年成都繁华的商业街。邮电局大楼就在这两条重要街道交会的黄金口岸，是成都经典的转角公共建筑。

准确讲，大楼是在暑袜北一街和兴隆街交会的地方，不过兴隆街东接华兴街，华兴街名气比兴隆街大多了，所以在介绍邮电局大楼时，往往就用华兴街替代了兴隆街。而华兴街从西向东其实是分成三段的，分别是华兴上街、华兴正街和华兴东街。靠近邮电局大楼的是华兴上街。

暑袜北一街两侧建筑立面相距25步，兴隆街的宽度大约是19步。转角处是一个45度的切角，让邮电局大楼正立面入口正对路口。立面造型像一座塔楼，大门带半圆弧顶，红砂石门套和窗套都选用本地石材。小青砖外立面上有"邮电局"三个微凸红色大字。仔细看三字中并无繁体字，其历史应比大楼晚一些。书者为李半黎，1913年出生的他，曾任四川日报社党委书记、四川省书法协会主席。

建筑沿两条街面展开，如同飞翔中鸟的双翅。沿兴隆街展开的翅膀长度66步，沿暑袜街的展翅还要长一些，达到88步。

入口旁有四川省重点文物保护单位的牌子。白色大理石基座上是一块黑色花岗石碑，上面写着：

四川省重点文物保护单位

西川邮政管理局旧址

四川省人民政府

二〇〇七年六月一日 公布

锦江区人民政府　立

· 老建筑与转角空间

这石碑背后还刻有文字，可惜紧贴建筑，无法探头细看。

旁边一个放大版仿制邮筒是由成都市文化局设立的成都市文化地标。邮筒上所介绍的大楼名字不是西川邮政管理局旧址，而是邮电局大楼。在这里曾经设立成都最早的近代企业，叫大清邮政成都分局。看来，无论是四川省还是成都市所立的牌子，都没有说清楚"邮电局"这个名字的由来。而且，大清邮政成都分局也不应属企业的范畴吧。公共空间里官方文字一词一句应仔细斟酌，给公众传递尽量准确的信息。

大楼门边有一个日用百货小摊。一辆红色的电动三轮车上，是一个打开的不锈钢货柜，里面有折叠扇子、剪刀、指甲刀、雨伞、袖套、钢丝擦、松紧带、蝴蝶结、发卡、鞋垫等。摊主是一位高个中年女士，她已在这里摆摊十多年了。我每次路过这里都看见她静静地守着小摊。她说最好卖的是鞋垫和指甲刀。在我小时候，这地方是卖邮票的好地方。我出于对城市公共空间研究的目的，想了解在此守摊到何处解决如厕难题。她说，上厕所要去华兴街，虽然不

· 建筑立面与人行道的空间关系

远，她也要骑自行车去，为的是速战速决，早去早回。离开后，摊位没有人守着，怕被路人顺手牵羊拿走了东西。

现在，大楼由中国邮政储蓄银行使用。准确讲，是邮储行四川省分行在成都的直属支行。我进去坐下，想看看老建筑的内部结构，但是焕然一新的装饰，没有一点旧日的痕迹了。这里原来的样子我还有点记忆，小时候常常来这里买邮票。一位营业员模样的小伙子走到我的面前，向我推销一款中邮封闭式养老理财产品。但当时，我最想做的事是上厕所。我问了一句厕所在哪里，心里想，门外那位大姐要骑自行车上厕所，我看看这大楼里有没有厕所。小伙子告诉我街对面的宾馆一楼大厅有厕所。我起身告辞，到对面宾馆找厕所。里面的确有一个厕所，估计是慕名而来上厕所的邮储银行客户太多，厕所加装了刷卡门禁，外人无法进入，我也无功而返。不过，我对这一带非常熟悉，知道在不远处的暑袜北一街路口有座公厕，而且路边还可以短暂停车。

这么多年过去了，城市道路发生了很大的变化，许多地方面目全非。但是，华兴街的宽度和暑袜街的宽度并没有发生多大的变化。至少，华兴上街和暑袜北一街的道路宽度没太大的改变，邮电局大楼也没有移动过位置。这就为研究老成都主要道路提供了非常重要的实物资料。无论是转角的退距，还是临街面的延展，无论是建筑主体的高度，还是外立面的开窗设计，都堪称成都公共建筑设计的经典。而普通人与这座建筑的关系，无论是我小时候在这里的街边买邮票，还是现在那位大姐在楼下摆摊，无论是它吸引你，还是你喜欢它，建筑与人们的日常生活发生着千丝万缕的联系，其实这就是城市与普通人之间的故事与传奇。

实际上，对邮电局单栋建筑进行保护是远远不够的，如果在更早的时候，有更大范围的保护，比如对整个路口的保护，对城市历史风貌的延续与研究一定有更大的价值。建筑不是孤立存在的，解读建筑之间的相互关系，以及空间构成对人们行为的影响，比仅仅研究单个的建筑更有意义。

纯阳观街转角

从老邮电局大楼沿华兴上街东行，过锦江区综合应急救援大队，就是纯阳观街路口了。街名的由来是因明代这里有一座纯阳观。道教奉吕洞宾为祖师——吕洞宾道号"纯阳子"。

纯阳观街有两处转角都非常漂亮，一处是和华兴上街、华兴正街交会的路口，KIIWII咖啡馆是转角处的明星。另外一处是和永兴巷交会的转角，主角是一家叫"三缺一"的馆子。

KIIWII咖啡馆是华兴街上最美的转角风景。

沿街面展开的长度大约45步，门口台阶离路缘石的宽度为8步，足够长的沿

· 转角处露天桌椅的色彩搭配和尺寸把握

街展示面和足够宽的转弯处驻足空间，让这家小店优雅柔和地融入街头空间。

最初吸引我的是那扇木门，手握把手的瞬间，我看到边角细部的处理非同一般。这种非常微妙的感觉的确难以描述，非典型、不明显，只有长期对细节观察着迷的人才会体会到其中物化的情绪。设计师和匠人对部件凝聚的心血和匠意巧思都展现在这些细节上。旁人也许感受不到，但我却能感受建筑的话语和心跳。

1.18米的宽度，看上去比一般的门稍宽一些。这样的长宽比，让透过玻璃观望更舒适。这种大气又蕴含一种文人私家园林的含蓄。门把手在1米的高度，稍微抬手开门，让手臂在空中运动最短的路线，几乎不花力气。

靠纯阳观街一侧的外墙是用可旋转90度的多扇木门组合而成。每道木门1.35米宽，从离地0.6米的高度开始安装玻璃。木门连在一起就是一道木墙，全部打开后就是连续的几道窄门，让临街外立面成为可以自由呼吸的开放式街头空间。靠木门一线摆放的是折叠木桌，长0.9米，宽0.7米。长方形的木桌有两种摆法，根据使用要求和通道空间可以选择横放或竖放，这就增加了空间调整的方

· 咖啡店室内外空间关系

· 可旋转木门和可折叠木桌是巧妙的组合　　　· 外摆区借景华兴街

式和内部陈设的花样。桌面不是通常的木板，而是木条排列构成，有些热带风味通透的美感，让我想到了《走出非洲》的小说场景。木隔断90度打开，桌子放在中间，一人坐在屋外，一人坐在屋内，面对面聊天，有趣又浪漫。

　　屋外是一个开敞的外廊，放上桌椅后还有3步宽的通道。头上本来有1.5米的出檐，店家又加装了伸缩式雨篷，这样下雨天在屋外通道喝咖啡就不怕淋湿了。一排长椅背对街，带0.45米高的靠背，这是成都美女网红集中的地方。白色的坐垫和靠枕非常抬色，有着高贵时尚的气场，把任何坐在上面的人都衬托得如同明星一般漂亮。端头放一张直径1.2米的大圆桌，准确讲是圆形茶几。用半圆的椅子搭配，设计师除了一些视觉变化的考虑外，也希望增加一点邀请的暗示在里面。坐垫高度下降，离地只有0.59米。背后是0.8米高的栏杆，提供与人行道分界的区域感与安全感。从店外路边测量，栏杆有1.24米的高度，这样让路人可以看得到里面，同时又减少对里面的干扰。内外视线有意无意交织碰撞，真真假假、虚虚实实的感觉只有年轻人才明白其中的寓意与味道。

里面的小便池让人难以忘怀。

蹲位间和小便间是分开的。在独立卫生间的旁边有一个边长1米的正方形独立小空间，设计师将里面的一个直角切掉，形成了45度的斜边。斜边只有0.54米的宽度，就是在这看似毫无意义的斜边上，设计师居然安放了一个宽度0.3米的小便池。每次来这里，我都会在此放松一下，感受设计师的

·店内有趣的微型厕所

精巧构思。最近这一次，我已经出了大门走上华兴上街了，想起在新书里要写到这家店的厕所，又急忙转身回去，在厕所里仔仔细细测量了一番。

再次离开时，留下一本我的《未消失的风景：成都深度游手记》，扉页上写着：送给华兴街最美的转角。

从咖啡馆出来往北，走到纯阳观街的尽头就是三缺一了。三缺一是成都一家连锁餐饮品牌。

长23步的临街开敞区域，外加11步长的转角弧形区，宽度大约是5步，这就是三缺一店可利用的临街外部转角区域。从人行道上测量栏杆的高度为1.42米，再加上0.4米的植物布置，能够较好地阻挡路人往里看的视线。而里面的客人，由于地坪抬高，吃饭喝茶时可以轻松看见街头的景象。

转角布局是依托入口大门和路边两棵大树展开设计的。

从扇面状展开的入口拾级而上，右边有石狮蹲守在锈板上，似苏州园林小品般精巧别致，不像本地常见的风格。左边摆了两桌。我把这里叫作前段，

· 随手拍摄的店内小景

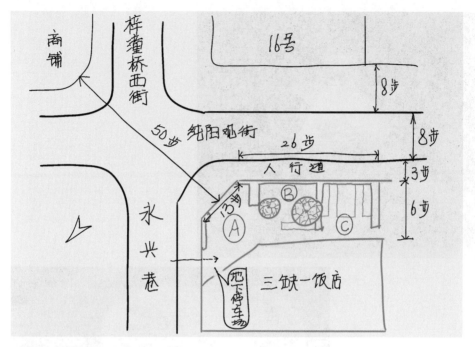

·纯阳观街转角三缺一饭店手绘示意图

一段矮隔断将这里和树下的区域分隔开。树下分为两部分，我称之为中段和末段。中段在两棵大树之间，四方合围，只有一处开口绕行进出，让我想到了在青白江弥牟镇看到的古代三国时期的八阵图。

我和老婆坐在室外空间安静的最末段，虽然不是大树的正下方，但头顶至少有一小半的区域被枝叶呵护。坐在这里可以欣赏街对面的希尔顿欢朋酒店和纯阳SHOW。一直不知道这纯阳SHOW究竟是做什么的，只是感觉建筑的外观有些民国味道，开家怀旧老相馆再合适不过了。入口的梯步为何修得这样高，记得改造前不是这样的。往南可以望见不远处的华兴正街和华兴上街。民国时期著名的青楼没有了踪影，和雨田饭店的老店子一起消失在华兴街的改造过程中。

这末尾段的位置其实非常方便。在我坐的地方，两步之外就是一道玻璃门，打开玻璃门可进入餐厅。如果要上厕所，就从这道门进去上二楼。我身后的栏杆有一个缺口，可以直接下到人行道上去。沿外墙留有狭长通道，将屋外

· 夜幕下的转角餐馆

的几处空间连接成了一个整体。

在等待上菜的时候我细观这空间的设计。由于面积比较小，顺栏杆和隔断位置是长条凳带靠背设计，有点像是火车座椅，这样尽量减少空间占用。隔断第一眼看上去像是清水混凝土风格，仔细看使用的应该是仿混凝土的外墙涂料。

一片树叶旋转着飘落到餐桌上，在碗边转体90度停下。

这是什么树的叶子？问了好几位服务员，居然都回答不出来。他们说，从来没有客人问这样刁钻古怪的问题。估计服务员把情况及时报告了上级，过了一会儿，一位领班模样的女子过来。遗憾的是，她也不知道这树的名字，不过，加了我的微信，承诺会尽快告诉我答案。第二天晚上，领班发来一张截图，是有关臭椿的介绍。臭椿是一种落叶乔木，树皮颜色灰中带点黑色，因叶基部腺点发散臭味而得名。这种树木的生长速度比较快。仔细看，树皮平滑而有直纹，比较符合臭椿的特点。

玉林四巷爱转角

·位于玉林街和玉林四巷转角处的爱转角

　　说到转角，跑不脱玉林四巷的爱转角。除了名字贴切外，爱转角作为城市更新、社区改造和空间多样化的典型案例，值得研究。

　　爱转角的老板唐大哥是个充满传奇色彩的退伍军人，他个人的名气和这家店的名气一样大。在办好相关手续后，他居然在玉林街和玉林四巷交会路口的一小块空地上建起了一座带尖顶的玻璃房子。据说在转角处容易遇见爱情，所以取名爱转角。这里是一个综合性的空间，可以看书，开讲座，也可以品茶喝咖啡。

　　爱转角的正面在玉林街，是两个相连的钢结构尖顶玻璃房子，对面是有名的皇城坝牛肉面馆。玉林街的路面机动车道有8步宽，站在牛肉馆门前可以看到爱转角的全貌。爱转角正立面长11步，屋外4步宽的位置由花箱隔出了一个露天的小空间。花箱和路缘石之间有4步宽的人行道。南侧是玉林四巷，爱转角占据整个临街面。从东到西依次是13步长的玻璃房，12步长的露天内凹区，35步的大屋和9步的室外咖啡区。

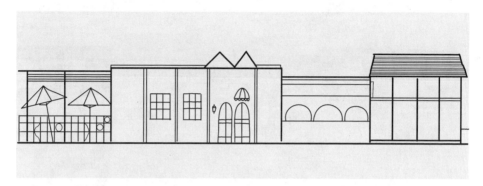

· 爱转角玉林四巷北侧立面手绘示意图

建筑南侧的临街面有12步长，其中3步的宽度是露天的区域。沿街有一段矮墙，将露天空间和街道隔开。矮墙接近1米高，水平面有0.35米宽的木板。35步宽的大屋临街面是高墙，为了避免外立面观感单调，设计师又设计了两个连续的尖顶。两道带圆弧顶的对开双扇木门，增添了宗教的仪式感和地中海风情。

双扇木门进去是一个大的空间，满墙的书架上有很多成都历史文化方面的书籍，灯箱上有"成都故事"四个大字，这里是举办讲座的好地方。我曾经在这里和电视台的周东老师搞过一次活动，讲有关成都街道的故事。

高墙东侧就是临街内凹的露天半开放空间，内退4步，用0.95米高的木栅栏将屋外的小空间与旁边的玉林四巷分开。在这可以喝茶抽烟的露天合围小天地里摆放了四张方形竹桌子，0.8米长，比一般茶铺的方桌显得略微大一些。搭配的是0.55米宽的竹椅子，扶手和靠背一样高，双手放在哪里都感觉不太舒服，不太适合久坐。不过，这里看上去比一般露天茶铺洋气，内凹的空间，显得幽静而具有安全感，充满文艺气息，但是少了点老城区茶铺随遇而安的市井味道。坐在椅子上，视线越过栅栏可以看见外面玉林四巷来来往往那些时髦女

· 爱转角室内空间常有社区公益活动

子的头部。茶客们似乎有一种以守为攻、以逸待劳的心理优势，打望街头显得非常从容。这里平日非常安静，对面是一个小区的围墙。围墙涂成了白色，上面有一些和电影有关的涂鸦，大多是爱情题材。大概是想和爱转角这个主题相呼应吧。

外面的路人看到茶铺的情景，往往会有一种消费的冲动，让这区域内空间的活动呈现出一种非常好的外部广告效应。常常有人第一次路过这里，看见有人坐在里面喝茶聊天，就会转过来，从玉林街上的入口进来，也在露天的地方坐下，喊一杯茶，消磨半天时光。最近我又去过，发现爱转角的一部分变成了一家东南亚风味餐厅。露天的区域也进行了封闭处理，临街面变成三个半圆形的大窗。窗台上布置各种品种的仙人掌，强化东南亚主题。

看来，转角处很多人都爱。

人民北路路口转角

在一年之中许多时候我都会经过这个路口。很熟悉，有情感，如数家珍。

相比小街小巷，大街路口形成的转角，缺乏诗意与美感，但却是城市街道研究不可或缺的重要主题。不同的转角会对街道格局或城市风貌产生不同的影

· 行人与街头建筑的视觉关系

响。人们对一座城市的第一印象往往来自大路口的转角，其建筑空间的高低进退，其实是一座城市对普通人的情感表达。热情与冷漠、欢迎与婉拒、便捷与阻碍、丰富与单调，都会在转角处淋漓尽致地得以表达。

我常常在这里乘坐地铁一号线和六号线。时间久了，也就自然发现这平凡路口有意思的地方。

这是一个有代表性的节点空间，一环路北段和人民北路在这里相交，和所有的十字路口一样，形成了四个转角。

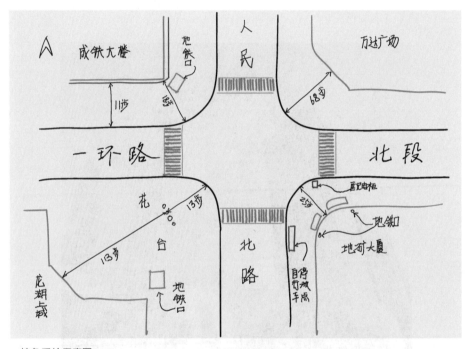

·转角手绘示意图

东南边的转角有地矿大厦和地铁人民北路站出入口。这里是地铁1号线和6号线交会点，东南角是地铁站D1出口。地矿大厦过去叫金麒麟酒店，或者说地矿大厦曾租给金麒麟酒店。东南转角是四个转角里面最为拥挤的一处。虽然地矿大厦正立面与转角有45度的斜角，大厅入口离路缘石有25步，但是因为设计有大面积的绿地和花台，导致人民北路这侧的人行道只有4步的宽度，加上共享

· 人民北路口是城市中轴线和一环路环线的重要交会节点

单车停放路边占用的位置，人行道只剩下两步的宽度。而这里的地铁出入口是1号线和6号线共用，人流量很大，导致人行道路面拥挤。在不远处还有一个公交车站台，这让路口的人流量就更大了。

过街就是万达广场，这是路口的东北转角。建筑入口距离路缘石有68步的距离，设计上给转角预留了足够大的室外活动空间。这里也是路口一带夜晚广场舞规模最大的一处。不知什么原因，这里有不少年轻小伙和老年人一起载歌载舞。这里的广场舞节奏快、动作大，有劳动人民的特点，和市区内常见的小家碧玉式的广场舞有很大的不同。离路缘石6步的位置，商家用圆石围了起来，原本是阻止机动车进入，客观上让这里形成一个无干扰的小广场。这也就是这个转角广场舞规模最大的原因。

西北角是成都铁路局办公楼，这是相对清静的一个转角。这个位置原本有一栋老楼，是20世纪五六十年代成都的标志性建筑，在当时的许多城市宣传画册上都有这栋大楼的身影。老楼拆除后，修建了体量更大的新楼。原本面朝路

· 花台弧形设计与大楼曲线的呼应关系

口的建筑方位，改成了面朝一环路。这样，从路口看过去，大楼的直角对着路口。感觉这样的造型和角度没有原来的老楼亲切，像是斜着眼睛看人，或是用肩膀冲着人。我还记得在老楼临街的一楼商铺买东西的场景，印象最深刻的是店里有特大号的鞋子卖，在成都其他地方非常少见。新楼就没有这样欢迎的亲切姿态了，灰白色的外墙颜色和棱角分明的几何线条是严谨中带一份冷漠的情绪。楼下高高的植物墙将内外分离。离围墙半步就是地铁站升降出入口，老年人、残疾人和带行李的旅客大多从这里上下地铁。围墙离道路边沿有18步的宽度，和东南角2步的宽度相比，这里的人行道相对宽许多，路人都显得悠然自得，从容不迫。不同的空间会给人不同的暗示，也会影响人的情绪和行动。

远望西南角如同起伏的群山，幕墙玻璃特有的冷青色和建筑特有的曲线，让山峦有练练雪峰般的俊俏挺拔，这是下午的龙湖上城综合体。西边的阳光斜射在建筑正立面上，银光闪闪，让人想起杜甫"窗含西岭千秋雪"的动人诗句。

龙湖商场出入口外部空间比万达还宽，从转弯处路缘石到商场门口有130步的长度。由于其间穿插有花台、地铁出入口和用品店的外摆区，看上去并不空旷。夏日的下午，大楼已挡住了西边大部分直晒的阳光。但是，在下午五点半左右，我在商场外花台边坐下，依旧感觉屁股阵阵发热。这时，小广场上只有一个小伙子坐在花台边，低头看手机。我拿出卷尺测量，花台边长椅凳的宽度为0.35米，靠背的高度为0.5米。

突然发现，地面有大片的高光区，阳光已被大楼阻挡，难道还会拐弯？顺光线射来的方向追根溯源，原来阳光照射在街道对面的地矿大厦西侧的玻璃上，反射后照射在了龙湖商场的广场地面。

一个路口有四个转角，每个转角各有一座建造时间不同的代表性高大建筑。不同的建筑体现了不同设计师的理念和专业水平，也象征不同时期不同的价值取向和大众审美心理。站在路口四望，仿佛可以看到四位不知姓名的建筑设计师交错的目光。

天府三街转角

　　成都新城区值得研究的道路转角非常多，漂亮、时尚，充满活力。不过，我想写的是天府三街的转角。在众多转角里，这里看上去并不惊艳，不过是我每天上下班必经的地方罢了，从城市空间与日常生活的角度来讲，它是我新城区街道转角研究的首选。

　　我说的天府三街转角有两处，一处是与吉泰路相交的转角，一处是与天府大道相交的转角。

　　吉泰路口东南角的转角处有一座不锈钢雕塑，是我判定方位的重要参照物。因为成都南边新城区里街道和建筑相似度太高，临街商铺看上去也差不多一个样子，缺乏辨识度高的参照物。每次走到这里，只有看到这座雕塑，我才知道到了哪里，以及该往哪里走。

　　雕塑离人行道路缘石6步远，是水滴样式的不锈钢造型，被两层水池托举和包围。准确讲，水池边缘离路缘石的距离是6步。在这样的商务区设立与水有关的雕塑，大致有聚财聚气的意思吧。

　　我沿水池边顺时针走了一圈，一边走一边数着数。一圈是32步，这就是水池的周长。通过中学的几何知识，可以计算出直径、半径或圆的面积。水池背后8步远是莱普敦中心的销售中心。销售中心建筑的正立面有45度的斜角，所以面对水池的是销售中心大门而不是90度的直角边。这样，让雕塑与临街建筑之间有较为宽松的空间，既让雕塑从容展现，又让雕塑后面的商铺有最佳的展示面和商业气氛，表现出一种欢迎的姿态。转弯处有较大的转弯半径，这样既是出于交通安全的考虑，又让转弯处人行道的空间面积变大，形成一块较为开阔的区域，和雕塑的体量形成一种匹配的空间关系，让转弯处的水池对人行道上来往的行人不会形成阻碍。同时，让像我这样懵懵懂懂的驾驶员能够远远地看见雕塑，而不至于在繁华大都市里迷失方向。而我每次看到雕塑，想到的不仅

·天府三街与吉泰路转角雕塑

·科幻般的大厦入口

·天府三街与天府大道交会路口数字题材的造型

是聚财，还有水滴石穿和饮水思源，这也许是新成都和新成都人值得倡导和传承的精神。

由于路缘石有一定高度，不便非机动车上下，在吉泰路和天府三街分别设有无碍斜坡，两斜坡口的距离有32步。一般来讲，路人在路边扫码打开共享单车后，会通过斜坡，将自行车推行到非机动车道后骑行。

吉泰路东侧没有宽阔的绿化带，而天府三街的人行道较宽，有面积较大的绿化带，其间设置有利用率较高的座椅。距离雕塑最近的座椅是长条靠背木椅，面朝雕塑，紧靠过街人行道，使用频率颇高。从街对面过来的行人，准备过街的老人，迷失方向的外地人，推着带轮行李箱的旅人都喜欢在这里歇歇脚。他们总会坐下来，看看眼前这个亮晃晃的大球体和周围森林般高大密实的楼群，若有所思。

从吉泰路沿天府三街往东，不远处就是天府大道路口。

在路口西南转角处有地铁天府三街站的出入口。

西南角有阿拉伯数字雕塑，雕塑基座长度为17步。基座上面是并排站立的12345五个数字造型，像正在排练的合唱团或是准备上场的篮球队员。其中高高冒出头的是3，像是站在C位的女高音或是篮球队的高大中锋。这"3"就代表了天府3街。开车来到天府大道，如果没有这样的雕塑，是很难快速准确地区分天府一二三四五街的。从某种意义上讲，这样的雕塑已改变了雕塑原本的作用，成为一种看图识字般的交通指引标识了。

原来在天府三街上难觅公厕，最近在12345数字雕塑旁边出现了一体化的可移动厕所，模样和西源大道上的那座厕所是一样的，只不过多了一个好听而含蓄的名字，叫"轻松驿站"。有关街头厕所的有趣内容放在本书最后一章详细介绍。

路边有一栋叫希顿国际广场的大楼，楼顶英文招牌写的是Hilton。Hilton中文一般翻译为希尔顿。希顿国际广场的主入口正对大街，是相连的4个玻璃造型，看上去非常像是科幻电影里变形金刚巨大有力的手指。

站在路边，可远望路口东南面的英郡小区。一栋一栋整齐排列的大楼拔地而起，由于间距比较宽，看上去有点桂林地区喀斯特地貌的美感，在冬日雾气中更显缥缈仙意。这也是我在晨光里驾车识别天府三街路口的重要参照物。

路口的西北角是四川省建筑设计院的大楼。楼下有下沉式的景观设计，以及高于地面的水景，这些都是年轻设计师们喜欢的样式。我偏爱简洁实用、便于后期维护的空间处理。

人行道上有一种太阳能桌椅，准确讲，是用太阳能提供免费的夜间照明和手机充电服务。在桌椅的边上，有一个用胶皮遮挡的充电插孔，行人可以一边在这里歇脚，一边给手机充充电。除了充电桌椅，这里还有天府大道人行道上常见的长椅。我非常喜欢这种长椅，考究而实用。亚光不锈钢构架加上仿木的合成材料构成。长椅比一般的三人椅要长一点，中间有扶手，这样坐起来舒服，同时又减少了躺着睡觉的现象——因为中间有了扶手，平躺睡觉就不太方便了。坐垫0.44米高，0.38米宽，靠背0.4米，有接近15度的倾斜角度。我坐在上面仔细感受，非常舒服。这是背靠背的两面椅，你既可以面向大街坐，也可以背对大街坐。这样的设计适合在人行道比较宽敞的地方。眼前不远处是沿路栽种的行道树，间隔是9步，都是楠木一类的好树种，既可以保持常绿，也减少了清洁工打扫落叶的工作量。

也许是街道太宽的原因，这样的路口看上去空间巨大，站在转角处，就如同站在海中半岛，眼前时停时行的车流似一浪一浪的海水。路边建筑有很大的退距，所以在人行道上看不太清楚转角商铺的情况。这也就让转角商铺成了成都人所说的"假口岸"，这是和老城区小街转角截然不同的情况，其实际的商业价值也大相径庭。

在古代，以脚力行走的人们，在旅途中需要停留与歇息的地方。亭的本意就是"停"，一处遮阳挡雨的小小空间。现代人不断奋斗，前行的步伐从未停息，城市似乎也不再需要亭的存在了。偶尔闪现的街头小亭，原本是风景的点缀，但用心的设计使其古意犹存，让建筑的原始功能巧妙地得以延续。

滨江东路合江亭

成都最有名气的街头小亭当然是合江亭了。府河与南河交汇处的这座双亭，据说始建于1200年前。

从南河上游沿北岸往两江交汇处行去，先看到的是听涛舫。听涛舫建在台阶之上，长42步，宽12步。不知什么原因，总是大门紧闭。几位戴黄色安全帽的工人坐在台阶上休息，他们是河道整治的施工人员。

往东就是合江亭了。两株非常高大的三角梅上开满紫红色如绢的花朵。台阶上双亭相连。两个六角形的小亭肩并肩矗立江边，每个小亭大约有5步的宽度。亭上有对联：政为梅花忆两京，海棠又满锦官城。鸦藏高柳阴初密，马涉清江水未生。这是宋代大诗人陆游《自合江亭涉江至赵园》里面的句子。那时

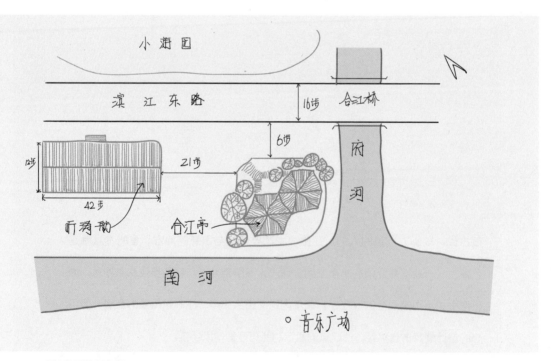

· 合江亭手绘示意图

候，河岸柳密，可以骑马过河。

亭内藻顶彩绘，地面有植物纹样浅雕，四周设美人靠。美人靠高0.35米，靠背0.4米，座高0.42米。每个亭子三边有美人靠，素不相识的人们会选择独坐一方。偶有游客上来，围亭转一圈，临江站立两三分钟，拍几张照片就走了。

亭外有石质栏杆，高1米，与小亭之间形成两步的通道。南望河对岸，音乐广场闪闪发亮的帽顶下，有跳舞的大爷大妈，"谁来保卫祖国谁来保卫家？谁来保卫家？"音乐声隔空飘来，传递出广场舞的气势。东望，香格里拉酒店下是安顺廊桥优美的三洞身形。北侧是合江桥，桥上是往来不断的车流，因桥栏遮挡，看不见车轮，都是些移动的各色铁盒子。

合江亭边有一块编号为0445的成都历史建筑标志牌，是成都市人民政府2021年7月所立。合江亭始建于唐代贞元年间（785—804年），毁于南宋，1989年在原址重建。建筑为钢筋混凝土仿木结构，是成都两江抱城的标志性景点。在亭子下面还镶嵌一块白色大理石的石碑，上刻：解玉双流。

合江亭一带曾经是古人登舟出川的主要码头。南宋诗人范成大描述，当年从蜀地到东吴都要从此亭登船。明代，附近有锦官驿，清代有船税所。

每次来合江亭，我总会想起范成大在《吴船录》里的生动描述："绿野平林，烟水清远，极似江南。"晚唐时，高骈改水道，成都形成两江抱城的格局后，在两江交汇处的合江亭便成了贵族、官员、文人墨客宴饮吟诗的首选之处，流风所及，蔚然成景。合江亭，成为当时人们主要的交际场所、娱乐之地。唐时的合江亭，并不是孤独地立在两江交汇处，它与张仪楼、散花楼形成了自西向东的绚丽风景线。现在，在年轻人眼里，这里是见证爱情的好地方，两江相汇寓意爱情长久，合江亭边的斑马线和小游园见证了无数爱情故事。

这样一个历史悠久的景点，如今为何缺少人气？

从现场的情况分析，首先是游赏内容过于单调，无法让人长久停留。其次，亭旁有道路阻隔，空间拓展困难。可以把听涛舫用起来，有关合江亭历史的展陈，范成大和陆游与这里有关的内容，都可以布展在此，还可以再加上成都河道历史，特别是护城河的变迁展示。在这里设立一些咖啡茶座或成都历史主题书店，让游客或路人停下脚步休息。听涛舫和合江亭之间有一个坝子，长

· 亭内休憩的市民

· 合江亭是双亭样式

· 合江亭凭栏远眺

度和宽度都是20来步，是一个非常好的外摆区。对于合江亭来讲，其东侧和南侧临河，没有发展的空间，其北侧为16步宽的滨江东路，所以，只有往西和听涛舫连片发展，这是空间利用上的唯一选择。而在参观动线设计上，要将合江亭、青莲上街古城墙和水井坊博物馆串联在一起。兰桂坊酒吧一条街白天冷清，可以以锦官驿题材为重点打造白天的游客主题活动和空间布置。

"俯而观之，沧波修阔，渺然数里之远。东山翠麓，与烟林篁竹列峙于其前。鸣濑抑扬，鸥鸟上下。商舟渔艇，错落游衍。春朝秋夕置酒其上，亦一府之佳观也。"宋代吕大防在《合江亭记》里描述的成都壮景，不知何时能够再现。

一环路百花潭大桥六角亭

　　百花潭大桥是一环路上跨南河的一座大桥，建于20世纪60年代，原名"百花大桥"。改造后的百花潭大桥保留原有桥墩，加宽了桥面，原来快慢车道间的分车绿化隔离带被拆除，在桥中心线上修建了3米宽的绿化带。南北走向的大桥，在东北、东南、西北和西南四个角的人行道边各有一仿古六角小亭。在我的印象里，这是成都市区桥梁中唯一两端有亭的设计。

　　我从一环路边的百花潭公园大门出来，原本想先看看东南角的亭子，因为此亭离大门最近。但大桥东侧施工打围，无法靠近东侧的亭子。过街先去西南角的亭子坐坐吧。亭内4步宽，美人靠高0.42米，靠背高0.45米，坐垫宽度为0.25米。1.6米长的木板首尾相接，构成六边形。亭子里基本都是老年人，我算是最年轻的。随意问了一下坐在我身边的一位大爷，看上去70岁左右的他戴一副咖啡色金属框眼镜和一顶浅灰色棒球帽，斜挎帆布小包。他每天都会来这里小坐一会儿，也不和人聊天，也不玩手机，就这样坐着，静静地看桥上来来往往的车辆和行人。对于城市生活而言，普普通通的日常街景就是普通人眼里最有活力的风景。而在桥西南角的亭子里，一位头发花白，左手提一只红色布口袋的太婆在等公交车，她坐在椅子上双脚并拢，腰身挺直，目光炯炯地向桥北眺望。远远看见一辆27路公交车上桥驶来，就起身走出亭子，往南几步跨过望仙场街，前行20米，比公交车提前5秒钟走到站点。这是赶车老手在长期实践中摸索的生活经验，轻轻松松等车，安全可靠上车，在现代生活里将亭子巧妙合理地利用起来。

　　坐在亭里美人靠上扭头西望，可以看见远处的5孔石桥，河水从桥洞穿过，静静铺散过来。东望，是另外一侧的两个亭子，东侧的桥栏杆在维修，施工单位用绿色围挡将亭子和栏杆都包围了起来，所以只看到亭子顶部在午后的阳光下闪着金色的光。东北角亭子的后面是四川省诗书画院的仿古建筑，靠南的亭

· 成都市区不多见的桥头小亭

子旁边是百花潭公园的西大门，在大门和亭子间有一条散步的绿道。

　　桥梁在现代城市中似乎只有交通的价值，完全失去了往日的美学功能。百花潭大桥的小亭，虽然看上去有些唐突，但包含了设计师的良苦用心。我们需要一座什么样的大桥，才对得起"百花潭"这个美丽的名字。坐在亭子里的人，并不是只为了休息，而是爱这城市难得的风景和闲情。百花潭公园、散花楼、遇仙桥和望仙桥，这是可以连线连片的风景，百花潭大桥就是其重要的节点景观。从这一点来看，其美学价值与交通功能同样重要。

枣子巷小亭

我认为这是成都市区最为经典的街边小亭，完美诠释了亭的含义。

在枣子巷与青羊东一巷交会的地方，北侧拐角处是一个小小的三角形空地。这是一个斜边长度为5步的直角三角形，斜边靠近人行道的弯道处，直角对着街心，是两面墙形成的夹角。亭子也就因地制宜地设计成了三角亭。直角边一边长为2.2米，另外一边接近2米，看上去近似一个等腰直角三角形。亭子离弯道路缘石只有3步距离，虽然是平沿石，但路边有圆形花岗石车挡，阻挡机动车违规占道停车。

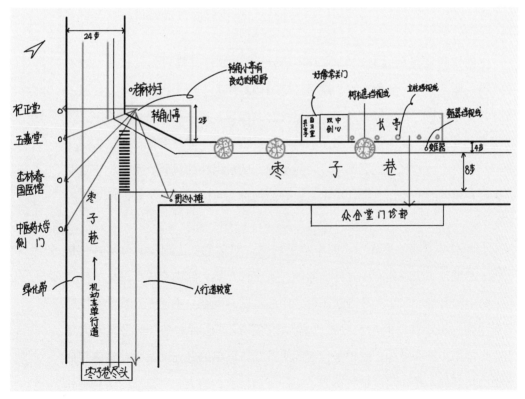

· 枣子巷手绘示意图

· 枣子巷转角小亭与街道的空间关系

　　座椅在两条直角边上，木质座椅是传统美人靠设计样式。设计师可能不太熟悉人体工程学，靠背太直，缺乏一定的倾斜角度，坐上去后背不太舒服，屁股的受力没有得到减轻，腰部没有支撑感。但是，这里却总是坐着不少人，或聊天，或呆望。从人行道上亭子只有两级台阶，上下非常方便。在这转角处坐坐，在直角边的每个位置都可以看见街面，欣赏街头的风景。由于小亭对面的建筑有足够的退距，这样让小亭有良好的视野，可以望见枣子巷以南更远的景致。

　　小亭取名"郎中小驿"。郎中本是官名，即皇帝身边跑腿的侍从官，是从战国时期开始出现的。不知什么原因，从宋代开始，郎中变成了医生的代名词。郎中小驿这个名字大致与这条街的中医主题有关吧。不过，几乎没有忙碌的郎中来这里小憩。但是，取名"病人小驿"或"患者之亭"似乎又不太妥当。小亭采用榫卯结构，屋顶是传统的小青瓦，简单的几何图案垂花挂落装饰作用恰到好处。整体尺度把控得当，空间小巧精致，给人一种自然的亲切感和可以掌控的安全感。轻度做旧的全木结构看上去充满古意和家常气息。没有唐突的标语口号、怪异的造型手绘和画蛇添足的主题装饰，你会觉得这亭子是一座古亭，许多年来就一直在这里。顶部有一定的倾斜角度，朝向街头的锐角往上略微升起，扩大了向外眺望的视野和内部空间的采光，让小亭没有丝毫的压抑之感和逼仄之气。

老人们喜欢挨着一起坐，一句话都懒得说，只是呆呆地看着远处。而年轻人往往会选择坐在另一条直角边上，有意隔开一点距离，低头玩手机。亭子背后有3米高的竹子将小亭和后面的房屋隔开。亭子临街面不设栏杆，减少了对视线的阻挡和产生的心理障碍。开敞的临街面，有一种欢迎的暗示，这让小亭成为装饰性和实用性俱佳的街头小品。

坐在亭子里，背靠老麻抄手店，欣赏丁字路口风景。往东，可以看见街对面的大锤电子雾化体验店，像游乐园里的玩具拖车。往南，街对面是科盟康养店、五嘉茶店、杏林春堂国医馆。顺枣子巷往东南纵深眺望，视野非常开阔，几乎可以看到枣子巷南段的尽头。成都中医药大学的后门是一道紧闭的大铁门，门外是一群买馒头的大爷大妈们。学校伙食团的师傅在铁门内侧摆摊，外面的人进不去，里面的人出不来，形成了这隔栏相望的喜剧场面。馒头4元钱5个，知情人士说味道巴适。

我在小亭里闲坐，东张西望，与亭中的陌生人神聊，像初来乍到的外地游客。慢慢静下心来，与环境融为一体，我就变成这街上的普通居民。微风沿河谷一样的街道，从西安中路和枣子巷吹过来。轻柔中又有节奏变化，时强时弱，时急时徐，在我的面部化开，耳垂如同古寺屋檐的铜铃，仿佛在轻轻摇晃，有风声从耳洞边掠过，似婴儿在呼吸。

枣子巷半亭

枣子巷是一个大写的L，转弯的地方与青羊东二路相交。在南北走向的这一段，离转角小亭不远处，靠西这侧有一座亭子，建在高高的街边台阶上。这样靠墙的半边亭子在成都不多见，倒是在苏州的园林里面常常可以看到。

亭子是窄长形，有两步的宽度和17步的长度，背后就是街边的院墙。亭子顶部一边靠着院墙，一边由五根柱子支撑，形成沿街展开的一个廊亭。有点像普通的方形亭子，被围墙一刀沿中线刨开。长亭中间的墙面上有一个半圆的造型，有木长凳在这半圆里，也是靠墙设置。我站在路边观察了半小时，亭子里只有一位小伙子坐在半圆里低头专心致志地玩手机。我路过这里两次，亭中均空无一人。

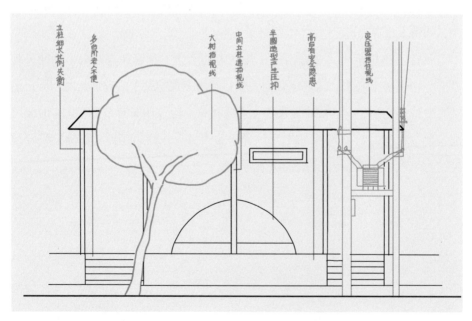

· 枣子巷半亭诸多问题手绘示意图

与不远处的郎中小驿相比，这半亭为何如此不受欢迎呢？

首先是台阶太高。不知什么原因，这街边的亭子高高在上，离地有5级台阶。这样的高度，对老年人来讲如同登山，上下不太方便。亭子正对面是一家叫众合堂的医院，加挂四川现代疑难病研究院的牌子。坐在亭子里看不到优美的景观，对望医院也无乐趣可言。亭内部空间非常高，有接近两层楼的高度，与相对较窄小的进深不成比例。而那个唐突的半圆造型更显得莫名其妙，不知有何含义，坐在里面给人一种压抑的感觉。成都有句土话——"被筐起了"，就是被某件事情牵扯，或陷入圈套。这半圆似乎就给人如此感觉。

此外，亭子南侧有空调的外机，出风的方向没有对着街面，而是正对亭子，这是一个时时刻刻准备将人吹走的架势。其右，是一个社区双创实践中心，其南有共享自习室。玻璃门上有文字介绍使用功能，透过预订系统扫码进入，显示这样的预订流程：

一、扫描二维码，进入小程序，点击会员，进入会员注册。

二、可选择购买"时长卡"或"次卡"。购买后，可在"个人中心"——"我的卡券"查看。

三、在预订支付时，选择对应卡券进行支付即可。

我用手机扫码试了试，感觉略微有些复杂，不知平日会有多少人通过这个系统的预订来此自习？

几间房子都关着，这让亭子显得更加冷清，有点单兵作战、无人策应的感觉，更添亭子的孤独感。枣子巷这座半亭相比路口的那座小亭，算是件不太成功的建筑设计作品。如果都是同一位设计师的作品，为何两者的实际效果有如此大的差距？

抚琴街南二巷杏园曲亭

　　抚琴街南二巷是一条隐秘的小巷，我是在街头寻访的过程中无意间在此遇见杏园，当时有眼前一亮的感觉。

　　这是有30多年历史的社区公园，因为养鸟人爱在这里遛鸟聚集，在成都西门一带颇有些名气。

　　网上地图把这里标注为杏园鸟笼，算是社区口袋公园吧。入口左右木桩上挂着几个鸟笼，有强化主题的意味。门边有告示牌，禁止电动车、摩托车、自行

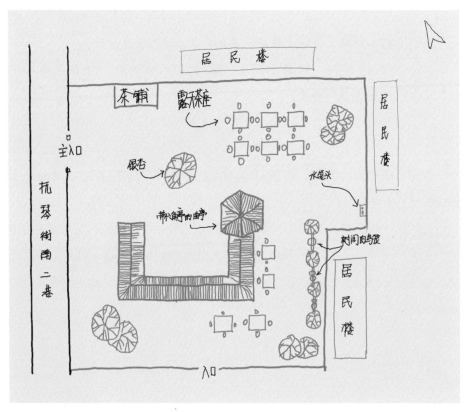

· 曲亭手绘示意图

车和三轮车进入园内。旁边，还有《成都市民文明公约》的宣传牌，上面写着：

总约

遵德守礼　良言善行

分约

一、传统美德，记一记；尊老爱幼明事理。

二、知书识礼，讲一讲；读书看报好修养。

三、言谈举止，净一净；网上网下都文明。

四、发生争执，让一让；平心静气别抬杠。

五、驾车出行，慢一慢；遵规行车最安全。

六、行路过街，看一看；不闯红灯莫乱穿。

七、乱吐乱丢，劝一劝；环境优美人人赞。

八、文明用餐，省一省；勤俭节约好品行。

九、依次排队，等一等；先来后到方公平。

十、志愿服务，做一做；积德行善福报多。

十一、他人有难，帮一帮；助人为乐热心肠。

十二、外出旅游，想一想；良言善行好印象。

《公约》内容丰富，包罗万象。其他城市的市民文明公约又会是什么样子的呢？这让我有几分好奇，用手机查找到其他城市的相关内容。《北京市民文明公约》是这样的：

一、热爱祖国　热爱北京　民族和睦　维护安定

二、热爱劳动　爱岗敬业　诚实守信　勤俭节约

三、遵守法纪　维护秩序　见义勇为　弘扬正气

四、美化市容　讲究卫生　绿化首都　保护环境

五、关心集体　爱护公物　热心公益　保护文物

六、崇尚科学　重教尊师　自强不息　提高素质

七、敬老爱幼　拥军爱民　尊重妇女　助残济困

八、移风易俗　健康生活　计划生育　增强体魄

九、举止文明　礼待宾客　胸襟大度　助人为乐

《长沙市市民文明公约》是这样的：

爱国爱家　爱我长沙

道德守礼　遵规守法

勤劳俭朴　敬业向上

诚信公道　和谐友善

崇尚科学　关爱自然

学习雷锋　爱心守望

相对来讲，成都的市民文明公约要复杂一些，有总约和分约两部分，兼有打油诗和儿歌的通俗趣味。这公约的不同也体现城市性格的差异。北京人官气，长沙人直白，成都人幽默有趣。

扯远了，还是说说这小园和亭子吧。

大门外面的两侧都停满了电瓶车，大多都遵守入园的规定，都是文明的市民。进门左侧有人卖茶，两张不锈钢桌子上面摆着茶杯，杯里已提前放好了茶叶。旁边树干上横一根长竹竿，竹竿上面挂着两面红黄布标，分别写着"鸟食"和"回购鸟笼"。

杏园一侧临抚琴街南二巷，剩余的三面是多层楼房。杏园面积不大，大约有两三个篮球场大小。也许是里面种了不少银杏的缘故吧，所以被称为杏园。园里有一块石头，上刻"杏园"二字。百度上关于杏的基本解释为：落叶乔木，叶卵形，花白色或淡红色，果实称"杏儿""杏子"，酸甜，可食。也就是说，杏一般来讲不是银杏的简称，而是另外一种植物，这里叫银杏园或白果园似乎更加准确一些。银杏树上挂满了鸟笼，笼中鸟叽叽喳喳叫个不停。五六个中年男子聚在一起，一边看着鸟笼一边津津有味地聊天。

·曲亭与露天茶铺的呼应关系

　　在园子中间，是一个六角木亭接一段木质长廊组合而成的曲亭。六角亭里有四位男子打牌，五人围观。两步开外，一男子独自安坐，闭目养神，一言不发。一男子骑电瓶车搭一女子匆匆忙忙来到园里，将车停在角落的万年青边，走进长廊坐下。男子娴熟地从白色塑料袋里掏出花生，吃一个，拿一个，花生壳放入另一个塑料袋里。一边吃，一边看着不远处墙边的银杏树，树上挂上一排鸟笼。他们看上去是夫妻，神情悠然自得，相互并无客套和谦让，也无夸张和做作的表情。他们有时会交流几句，有时用拿起花生的手指指鸟笼，像是在点评。长廊一共38步长，我走到另外一端，见两位女子，看上去40来岁，一个在低头看手机，一个居然在编织毛衣。打毛衣女子，不低头看手中的活儿，四下张望，手中却忙个不停。旁边一只小巧的方形鸟笼放在美人靠上，鸟笼被蓝色布罩遮住了一半，透过没有被遮住的一边，看见里面一只白色的小鸟不停上蹿下跳。

　　杏园的核心就是这个长亭。围绕长亭各种场景层层展开，如同小石投入水里泛起层层涟漪。银杏树、鸟笼和遛鸟人都是涟漪中的一部分。白天的大部分时间里，附近的居民喜欢在这里喝茶。不论是花茶还是素茶，都是5元一杯。来喝茶的不光是爱鸟的人，还有爱茶的人，或是爱闲逛爱热闹的大爷大妈们。

游园外，却是另外一番景象。

抚琴街南二巷道路两边是摆摊卖东西的小贩。以杏园大门为中心，往北，西侧是卖皮带、卖草药、卖厨房用品和卖皮蛋的地摊。我花8元钱买了一块厨房里用来垫锅的隔热垫，竹子做的，透雕仿古的花纹。东侧是卖园艺工具和卖旧书的摊位。旧书一长排堆放整整齐齐，标价是5元一本。往南，西侧有一家理发店，东侧临街摆放着卖衣服的架子。衣服都是花花绿绿的棉制品，分为两个档次，标价分别为10元和20元。

曲亭是小园的核心，小园带动周边的自由经济，街头自由经济让小巷充满活力。社区的日常社交需求，在这里激活，人们的日常生活围绕曲亭慢慢展开。公共空间的功能多样性让老小区也一样富有动感和朝气。

肖家河西二巷厕所顶亭

我对成都这绝无仅有的厕所亭子充满敬意。

肖家河正街往东，沿肖家河环三巷走到肖家河西二巷，不远处有一座简洁的木亭高高矗立，远看有点像是树下的老戏台子。

走进看，这亭子下面原来是座公厕。这是肖家河环三巷公厕，编号为高新-506。厕所上为平顶，厕所旁有木梯可达二楼平台，也就是一楼厕所的屋顶。二楼别有洞天，不是什么戏台子，也没有谁会在厕所上面唱戏，而是一座木结构的雅致方亭。三面美人靠合围，中间有折叠方桌数张和堆码在一起的各种色彩塑料凳子。看样子，估计是社区提供给居民们打牌喝茶的便利设施。设计师的脑壳真够用，居然把厕所顶顶搞成这鲜活生动的样子。

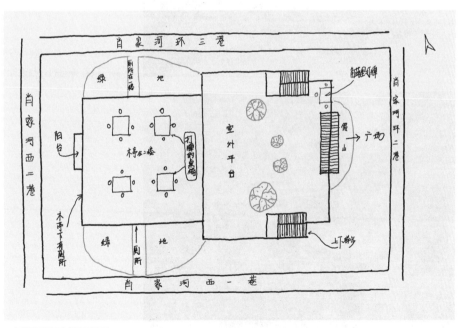

· 厕所顶亭手绘示意图

· 厕所顶亭对街道景观的改善

· 厕所顶亭有趣的外凸设计

· 厕所顶亭打牌的居民

亭前接露天开敞平台，防腐木铺地，平台三面有木质栏杆，可以居高临下，凭栏眺望路上的行人和正前方的小广场。楼下的大树从木地板里探出头来，变成了二楼亭前的一处诗意景观。

我发现亭下草坪里有一块牌子，斑驳老旧的样子充满古意。牌子上面有"小区最佳绿地"几个红色的字，这是22年前成都市规划和园林部门颁发的奖牌。时光久远，能够保留到现在，牌子本身也具有一点历史文物价值了。

亭子前面不远处有一个小广场，这让小小的亭子更显得大气。广场中间有一个带圆圈的雕塑，不知是何寓意，反正成了孩子们的玩具。孩子们喜欢爬上爬下，爬累了就坐在圆圈里面，把自己柔软的身体按照圆圈的幅度弯曲。旁边的家长斜挎着孩子的双肩书包，手里提着满满一塑料口袋的蔬菜，始终保持高度警惕，不停地对着不亦乐乎的熊孩子催促："走了嘛，走了嘛，早点回去吃饭做作业，不要又搞得七晚八晚。"

亭子里没有社区的工作人员，那这里的活动是如何维持的呢？我又回到顶亭耐心观察。原来，这里的桌椅是一位有生意头脑的男子提供的。他会从打牌赢家那里按比例抽取一定的管理费，每天每一桌抽取管理费总额为八元，超过八元就不再抽取了。也就是说，每天每桌仅有八元的收入，来玩牌的人越多，桌数越多，收入就越高。低成本对老街坊充满吸引力，况且是赢家出钱，大家在心理上感觉公平。这有趣的现象是老成都基层自治体系的生动再现。在政府没有介入的情况下，居民自发组织，可以维持公共活动的正常开展，而活动规则简单而公平，这对组织者和参与者都充满吸引力。

亭子和广场像是城市里的挪亚方舟，它们的四面是道路和楼房，亭子像是城市混凝土海洋里的一条小船或一座小岛。站在亭里四望，觅城市之幽意，感叹设计师的创意，能够如此巧妙地利用厕所上面的空间，另辟天地，别有一番味道。佩服社区管理者的跨界思维，能够让这样一个充满古意的木构建筑矗立在公厕之上，给居民提供意外之喜。其实，我们的城市需要这种设计理念和创新精神，将美观的设计和人性化的思考融为一体，充分利用每一处小空间，给普通人提供更多的方便和休闲方式，城市生活的特性也悄然显现。厕所都这么充满诗意和创意，还有什么不能够更美好一些呢？

玉林横街圆亭

和苑不小，在玉林一带颇有些名气。

其北是玉林横街，南边是倪家桥路。和苑不是一个真正意义上的独立小区，而是几个小区的组合。和苑的北门开在玉林横街，南门在倪家桥路。两道门从早到晚并不关闭，也没有门卫把守，事实上变成了一条连接玉林横街和倪

·和苑有成都少见的圆亭

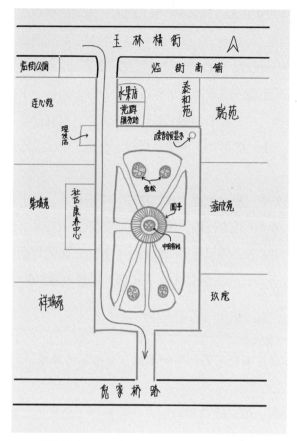

·玉林横街圆亭手绘示意图

家桥路的通道，通道的名字叫玉林横街南巷。

　　玉林横街南巷有一个街心广场，广场四周有几个相对独立的小区，各小区有自己的名字，配备有各自的门卫，安装有各自的门禁系统。这样的街道空间布局让我想到古代城市中有关"坊"的概念。

　　广场东南西北四角和中心位置各有一棵高大的雪松，一个圆形的亭子以中间那棵雪松为圆心展开。我在成都市区很少见到圆形的亭子，这自然引起了我高度的关注。

　　这亭子圆溜溜的样式让我想到了北京的天坛和福建的土楼围屋。我沿亭子外沿走了一圈，一共是56步。内径和外径中间相距两步。外圈是美人靠，内圈是简单的圆形长条椅。内圈里面是圆形的花台，雪松在圆形花台的中心。外圈美人靠高0.38米，宽0.38米，靠背0.45米。而对面内圈的椅子高度还要矮一点，只有0.33米，宽度也是0.38米。内圈椅子不是美人靠，样式简单一些，靠背低了许多，只有0.28米。我想，这样的设计是考虑观看圆形花台有更好的视线。

我发现，成都街头的亭子多半是多边形的，圆形的亭子十分少见。多边形是由多条直线组成，材料加工和施工都较简单方便。但圆形亭子就复杂多了，材料加工难度大，而且弧形加工浪费原材料。在施工中，弧形拼接的要求远高于直线的对接。

亭子取名和美亭，寓意深邃。我们常说，家庭和美，邻里和美。亭子入口处有一副楹联：绿荫不减来时路，添得黄鹂四五声；黄梅时节家家雨，青草池塘处处蛙。这是从宋代诗词里挑选出的句子，和这环境的打造也算搭配得当。亭子边有两块大石头，上面刻有《朱子家训》里的内容，其中有我最喜欢的一句：

一粥一饭，当思来处不易；半丝半缕，恒念物力维艰。

一对老年夫妇，推一辆白色的童车，来到亭子里坐下。童车里一个胖乎乎的婴儿睡得正香。三位大姐站在亭子边上，一边说笑，一边不停用手里的扇子扇风。两位大爷面对面坐在亭子里，一言不发似雕塑，坐在外圈那位大爷眼睛看亭子中间的雪松，而坐在内圈那位则盯着亭子外面。清洁工也坐在亭内小憩，看上去60来岁。不锈钢垃圾桶和红色塑料扫帚放在他的旁边，垃圾桶上面有两个红色的字：和佳。名字里也有"和"的意思，与和苑这地方配得上。我和保洁大叔聊了起来。他说，原来这里有许多小商小贩，满是垃圾，不停打扫也扫不干净。后来进行了整治，修建了花园和亭子，也不让小贩们进来卖东西了。他在这里工作十多年，现在轻松许多，早晨五六点钟开始工作，干一天也不觉得太累。他看我在测量椅子的尺寸，便抱怨椅子高度有点低，老年人坐下去和站起来有点费劲，使用不太方便。对公共空间的坐具设计，其实是有相关规范和标准的，要符合人体工程学的要求。但现实中，设计师和施工单位往往忽略了这些细节，导致使用中的小小不便。

小桥

小桥流水历来深得文人墨客钟爱。在成都市区浣花溪、西郊河和沙河上就有不少精巧别致的小桥。这都是些有故事的小桥，适合漫步，闲坐，打望。轻柔河风中，小桥自身也成为城市街道闲笔下的秀雅诗章。

草堂巷浣花溪亭桥

唐代著名诗人杜甫一辈子写了1400多首诗，其中，在成都写的诗多达两百余首。我最近仔仔细细看了这两百多首成都诗篇，就像是翻看杜甫的日记。在这些描写成都日常生活的诗句里，不少与浣花溪一带的风景有关。

杜甫在成都居住的位置，大约是现在杜甫草堂一带。在杜甫的诗里，好多次都提到了住家附近的小桥，有时叫平桥，有时叫野桥，有时叫江桥，有时叫官桥。这些浣花溪上的唐代小桥现在早无踪迹，诗里的浣花溪，也和现在有很大的不同了。

杜甫草堂旁，浣花溪上现有三座小桥，我把它们标注在示意图上。杜甫当年大致居住在草堂路以北偏东的区域。

· 亭桥古意

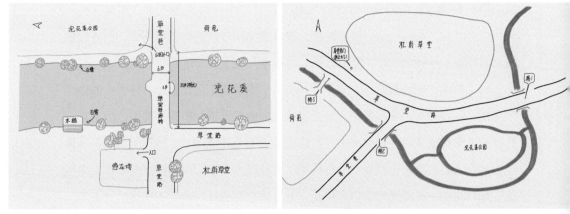

· 草堂巷及亭桥手绘示意图　　　　　　· 草堂三桥位置手绘示意图

　　桥1是草堂路跨浣花溪的一座桥，这是一座可以通行机动车的平桥。从南侧进入草堂，就要经过这座桥。

　　桥3也在浣花溪上，人流和车流都不大。准确来讲，这是通向舜苑小区的小桥。所在的位置非常好，几乎是正对草堂的西门。这是草堂的正门，也是参观草堂最佳的起点。我们小时候，这里不叫杜甫草堂，而是叫草堂寺。跟随大人来草堂寺耍，都是从西门进出的。

　　在草堂里面还有一些更小的桥，架设在更小的沟渠上。这些属于后期园林建设中增加的景观小品，不属于我们所说的浣花溪之桥。

　　在桥1和桥3之间，还有一座桥，编号为桥2，这是我特别喜欢的一座桥。在我的记忆里，这是代表草堂风味和浣花溪格调的点睛之笔。这座小桥叫草堂巷廊桥。

　　草堂巷廊桥在草堂路南侧，草堂路在这里有一个急弯。小桥横跨浣花溪，一头连草堂巷，一头接草堂路。我问了许多人，都不知道这桥的准确名字。在桥身不起眼的地方，我终于找到了桥梁公示牌，上面标注的是草堂巷廊桥，桥梁结构为钢筋混凝土连续梁，管理部门为青羊区市政设施养护处。

　　廊桥也叫蜈蚣桥，就是加了顶盖的桥。既可以保护桥体，同时还可以给来往行人提供一个遮阳避雨的休憩之地。主要有木拱廊桥、石拱廊桥、木平廊桥、风雨桥、亭桥等。记得有一本书上介绍，廊桥在春秋战国就有了，据说这种样式可以追溯到巴蜀的栈道。战国时期，在栈道的部分位置加盖了阁楼，供人们歇脚。对栈道加亭技术进行不断的改良，就逐渐形成了完善的廊桥建造技术。

网上搜索"成都廊桥"，显示的是府河、南河交汇处，靠近香格里拉酒店那个廊桥。在我看来，那座桥是一个带经营性质的三孔桥。桥身是餐馆，而不是一般意义上的廊或亭，也就称不上是严格意义上的公共空间了。坐在里面的都是来吃饭的客人，这座桥也就算不上廊桥了。百花潭大门口的沧浪桥算是廊桥，古代的安顺桥也是一座漂亮的廊桥。但是，老安顺桥和现在的成都安顺廊桥并不在一个地方，相距有好几百米吧，相互间没有任何历史关联和传承关系。

草堂巷廊桥是一座既漂亮又能发挥廊桥作用的小桥。平桥、两孔、歇山顶样式。加上引桥部分，桥面长35步，宽6步，行人和机动车均可通行。桥两侧的美人靠，兼具栏杆和座椅的功能。美人靠坐高为0.45米，宽0.42米，靠背长0.37米。桥身中部两侧各有一个多边形的小亭，直径为3步，亭身一半凸出桥身，半悬于水面。引桥部分为金属栏杆，涂有灰色的防锈漆。栏杆非常高，有1.25米，超过一般规范的设计高度。

走上桥就有一种悠闲宁静的氛围。行人慢慢地从桥上走过，不慌不忙、从容不迫的样子，没有现代都市的匆忙与焦急。在浣花溪公园里放完风筝的市民，会从公园小门出来，顺桥过河。美人靠上的男女老少，也都是一副闲散的样子。有的低头玩手机，有的把弄着手里的矿泉水瓶。还有的用手机拍照，不断变换角度和位置，拍出最美的风景。

多边形的小亭是人们最喜欢的地方。我来过这里几次，每次亭内都有人。小亭是休憩的首选，亭子里坐不下，才会坐在其他的地方。

一位穿浅蓝色棉麻布短袖衬衣的大爷站在亭子里，用手机抓拍掠过溪水的白鹭。微风吹动宽大袖口，看得见轻微的摆动。一位皮肤黝黑的小伙子，以美人靠的靠背为支点，支一根鱼竿，一动不动地望着水面。一对年轻的恋人坐在对面的小亭里，悄悄说话，偶尔哈哈大笑，再配搭相互的打逗和推搡。一位疲惫的大哥将共享单车骑到了小亭，在美人靠上打起了瞌睡。圆领T恤和共享单车的青绿色融为一体。

坐在桥上顺着小溪往东南望去，平静的水面没有流动的迹象。河边有白鹭飞翔，时而在树上逗留，时而在石上观望。偶尔发出的叫声并不清脆，像是敲击竹筒发出的管道共鸣。

两岸有乱石驳岸，旧时的游船码头在河东岸。类似水槛的木质平台让人想起杜甫的诗句："新添水槛供垂钓，故著浮槎替入舟。"如果你熟悉杜甫，熟悉他的诗作，就会在岸边看见他的身影。这场景有些梦幻般的感觉，如同置身唐代现场。知道是虚幻，但却心甘情愿被骗。

杜甫当年的草堂不可能保存到现在，但现在的杜甫草堂人人都会去参观。杜甫当年走过的小桥不可能保存至今，但站在廊桥上，依旧可以感觉诗圣的气息。

著名作家冯至写过一本《杜甫传》，被人们视为经典。他说："人们提到杜甫时，尽可以忽略了杜甫的生地和死地，却总忘不了成都的草堂。"这既表达了杜甫的伟大，同时也说明了成都人对诗圣的热爱。

浣花溪上的小桥寻访更像是一次轻松的闲逛，而与考察与研究无关。是与不是，像与不像，都不太重要，重要的是你心里怎么想。草堂的茅屋不是唐代的旧物，但是，每一位来成都的外地人都会去看看。在心中，我们都觉得，杜甫就一直住在成都浣花溪畔。

·亭桥多边形小亭的空间作用

·距离小桥不远处的水槛

神仙三桥

　　分开看，遇仙桥、送仙桥和望仙桥统统平淡无奇，但三座有关仙人题材的小桥聚在一起，就有些名堂了。

　　西郊河向南汇入南河。遇仙桥在西郊河最南的位置，散花楼的下面。遇仙桥所在的街道也是青羊正街，和沧浪桥都属于同一条街道。站在遇仙桥，看得见沧浪桥。我喜欢在遇仙桥上拍照，用手机的超广角镜头，可以同时拍下沧浪桥和散花楼的合影。

　　我在桥上来回走动，测量小桥的尺寸。长27步，宽度却达到了28步。栏杆是四川本地的红砂石，柱头上是十二生肖的造型，每边六个，均匀分布。1米高的栏杆边是钓鱼的大叔，"明天就是3月1号了，政府开始河头禁捕了，不能钓

・散花楼边的遇仙桥和不远处的沧浪桥

· 遇仙桥石雕

鱼了，我们明天还是要来这里，见老朋友，耍嘛。"一位大哥躺在电瓶车上，双脚搭在车龙头上，双手抱头，类似于电视里平衡木比赛里的体操运动员。身后的栏杆上有一个亮铮铮的不锈钢牌子，上面写着：3月1日到6月30日，天然水域禁渔。还规定不能在河道放养水禽和挖沙采石，而在禁渔期销售和收购这些河道捕捞的鱼也是禁止的。

　　旁边的西郊河段在整治，河水断流。在工地围墙上可以看到占道施工信息公示牌，这是西郊河综合改造示范工程。石柱上刻有"遇仙桥"三个字，但是在《城市桥梁管理公示牌》上的桥梁名称却是"迎仙桥"，管理部门是市道桥处。栏板上还刻写着建设单位的名字：成都市浣花溪风景区协调领导小组办公室；设计单位：成都市市政工程设计院，工程于1987年9月竣工。

　　散花楼在桥东南角，这一片原来是宝云庵所在的地方，不远处的公交站叫宝云庵站，而不叫散花楼站，也不叫百花潭站。不知什么原因，在手机地图上

· 送仙桥边有关神仙的雕塑

查不到遇仙桥或迎仙桥的位置，却可以找到散花楼。

桥的东北端有个小花园，诗碑墙由多块巨大的石头组成，上面皆为古代名人创作的有关"凤求凰"及浣花溪这一带美景的诗词，其间有一丛丛的细竹点缀。石刻边有一古琴样式的石刻，琴身用花岗石雕刻而成，而琴弦为不锈钢丝做成。

遇仙桥的北侧被施工围墙挡住了。我到工地看了看，不远处在新修一座桥，大约是文化公园的人行桥吧。桥下西南处有两个排水口，有成都市入河排口标志牌，均有排口编码。而在桥下东北角也有一个排水口。在桥头的排水口公示牌上的排口编号为南河少城街道雨水排口006。

孤立讲遇仙桥并无太大意义，它应该和附近的送仙桥和望仙桥构成一个整体。我特意手绘了一张三桥位置关系的示意图，让我们继续看看那些和仙人有关的成都小桥吧。

青羊正街往西走，过一环路就是青羊上街。青羊上街跨磨底河，河上有送仙桥。小桥看上去平淡无奇，比遇仙桥还要简陋。但是，它与遇仙桥、望仙桥

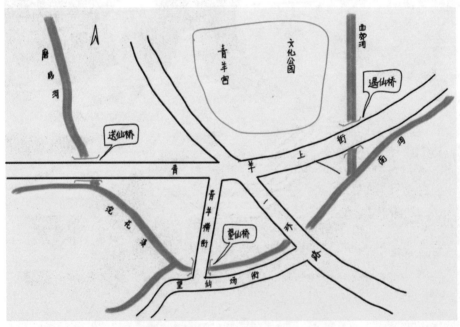

·遇仙桥、送仙桥和望仙桥点位手绘示意图

共同构成有关仙人的故事。旁边的古玩市场在国内名气不小，这给送仙桥增加了不少的知名度。

送仙桥和遇仙桥的尺寸比例几乎一样，27步长，27步宽，四四方方。桥面机动车道和非机动车道分离，非机动车道高出桥面不少，南侧高0.25米，北侧居然高出0.6米。北侧栏杆高度比正常低许多，只有0.9米高，而南侧栏杆高度是较为正常的0.11米。栏板上有道教的太极图案和八仙过海雕塑。站在桥上南望，在清水河和磨底河的交汇处有一组白得耀眼的塑像，八个仙人摆出各自经典造型，为过河做准备。

望仙桥跨越清水河，连接青羊横街和望仙场街，是5孔仿古石拱桥。石材是红砂石，桥上没有镌刻桥名。桥面不是石板，而是沥青路面。没有区分机动车和非机动车道，人行区域没有加高设计，让桥面显得比较宽阔和平坦，有散步的愉悦。

根据《光绪三十年图》，即1904年测绘的成都市区图，上面在这一位置标注的桥名为"望仙桥"。桥两头的街道名"望仙场"，即今"青羊横街"，它直接与青羊宫山门相接，过去赶青羊宫集市即在这条街上。在1961年修建一环路上的百花潭人桥后，望仙桥因有碍泄洪被拆除了。1997年底，在该处仿1995年拆除的万里桥（老南门大桥），修建了新望仙桥。原万里桥为七孔石拱桥，现仿桥为五孔石拱桥，并在桥栏镶嵌三国故事石刻图案。其中有一个图案表现诸葛亮在万里桥送别费祎的场面。因此这座桥又有万里桥的称谓。

原来的望仙桥就是一座五孔石拱桥，高大雄伟，十分壮观。站在桥上，青羊宫门前一带景观尽收眼底。青羊宫是道家圣地，民间传说农历二月十五是太上老君生日，在这前后举办庙会，各路神仙都要来赶庙会。站在桥上就可看到庙会上的神仙相会，因此人们就把此桥叫作"望仙桥"。如将望仙桥、遇仙桥、送仙桥连线，则为一等腰三角形，青羊宫山门则在等腰三角形的垂足上。

这其实是一处被人忽视的重要景点，望仙桥正对青羊宫老山门，它们之间由青羊横街连接。东边青羊正街的遇仙桥和西边青羊上街的送仙桥左右对称，对青羊宫山门形成众星捧月的布局。望仙桥东北头的大树下有三根石柱，柱旁花岗石上刻有"北斗七星柱"字样，这是青羊区政府在2011年立的区级文物保护的牌子。

这一带建筑控高非常好，让河面显得非常开阔，有辽远浩大之势。东望是百花潭大桥，看得见桥两头的小亭和桥上来往的公共汽车。小车是看不见的，都藏在桥栏杆的后面了。相对于遇仙桥和送仙桥，望仙桥最有味道，古朴沉稳。以望仙桥的尺寸、材质和造型为参考，相关部门对遇仙桥和送仙桥进行了适度改造，在空间风格和年代感方面形成一种较为统一的内在文化关联和外在视觉联系，并与不远处的青羊宫形成呼应。

仔细看这三座桥的位置示意图，会发现古人的城市规划水平相当高，青羊宫、青羊肆、青羊横街，以及遇仙桥、送仙桥、望仙桥形成一个互相关联的整体，是以仙人和道教文化为题材的片区打造。现在的老区改造似乎忽略了古人的智慧，对身边许多绝好的题材视而不见。如果我们能将这些点位串联起来，会形成有故事主题的游览动线。这样既可以连片打造，深度挖掘旅游价值，又可以让市民和游客对城市历史、文化有一个更加直观和系统的了解。同时，当我们在一定层面上把握其整体价值，在每个点位上的设计和建设就会更具全局观，也会更加用心用力。这样，历史文化名城的风貌特征也就会更具含金量和故事性。

步虹路古三洞桥

　　成都是一个与河流密切相关的城市，有许多地方的名字与桥相关，而这些桥名往往又和数字联系在一起。比如：一心桥、二仙桥、三洞桥、驷马桥、五桂桥、七星桥、八里庄桥、九眼桥、十二桥、百花潭桥、万里桥等。

　　三洞桥即三孔石桥，在成都不止一处。

　　在城西，靠近永陵的地方有一座三洞桥，在西郊河上，旁边有著名的带江草堂。在沙河上，原来有三座三洞桥，分别是上三洞桥、中三洞桥和下三洞桥。中三洞桥位于原圣灯乡马鞍村，老桥现已不存。下三洞桥位于原圣灯乡

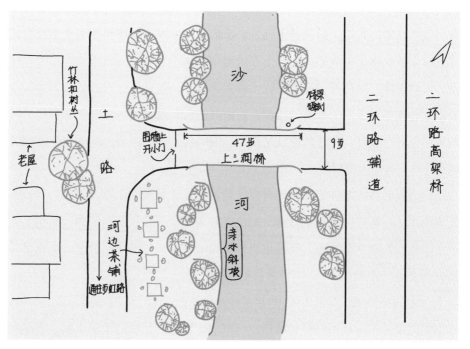

·古三洞桥手绘示意图

踏水村，又名踏水桥，20世纪70年代改建为钢筋混凝土桥。唯一保留下来的老桥，就只剩一座上三洞桥了。

我寻访的就是这座桥。

寻找上三洞桥费了一点小小的周折。其实，我曾经来过这里，不过是从二环路过去的，还算方便。这次，选择从上三洞桥的下游，沿沙河逆流寻访，比预计花费了更多的时间。将车停放在泰兴路，路边有机动车占道停车位。先去三洞古桥公园看看。

这里虽然是展现上三洞桥风貌的主题公园，但是上三洞桥并不在公园里面。公园内有一座建在草地上的仿古桥，桥身虽有三孔，但毫无古三洞桥的神韵，看上去像是供儿童爬上爬下玩耍的大型玩具。既缺乏视觉上的美感，又毫无学术研究价值。

这是一处漂亮的河湾，河边有不少鹅卵石，有大有小，颇有些野趣。河对岸是一排茶铺，看得见临河喝茶的茶客一晃一晃的脑袋，都是些水平移动的黑色小点。在公园里面闲逛一圈后，没有发现更能吸引人的地方。

从公园出来就上三友路，左拐，沿沙河顺步虹路往西走。水泥路面的尽头有一道常开的门，再往前就是土路了。手机地图上没有这段路的名字，我暂且将它叫作步虹路延长线吧。一路上茶铺密布，由于没有进入城市常态化管理体系，市政设施、绿化养护等大多处于待完善状态，也就让这里处处充满乡间味道，这让我想到了四十年前的成都，府南河边就是这样的景象。儿时的我，喜欢到河里捉鱼捉虾，那时的河就是沙河这段的样子。一派自然的景象，不知会遇见什么，有探险的刺激。

岸边摆着各式各样的桌子，看样子是从各处收集来的旧物，变废为宝，循环再利用。茶客在河边喝茶打牌。一位年轻人支个三角画架在写生，画板上的河岸植物和茶铺渐渐清晰，充满生机。身边一辆老式的加重自行车，现在已经很少看见了，看上去陪伴了年轻画家多年的样子。

河边的茶铺依旧是我记忆里老成都露天茶铺的样子。茶铺不止一家，每家茶铺的桌子椅子都不一样。河岸没有整治，还是自然状态下的土坡，缓缓地向下往河里延展。野树和野草让河岸充满野趣，让这里喝茶有些像是乡间的野茶。这样的环境，也让人放松自在，行为举止也就像是在自家屋里一样随意。衣着随意，姿态随意，打牌打麻将打瞌睡也都随性而为。

这里居然还有大片的田地，大多种植蔬菜。绿油油的叶子像花一样盛开在泥土地。竹林和农民自建房搭配在一起，是川西乡间常见的林盘样式。在大都市的二环路之内，还有这样的乡土气息，让人有些意外。途中遇零星小雨，更添诗意。

"细雨成都路，微尘护落花。"小时候常见的街头景象，现已难觅。沙河边的寻桥之旅让我终于又见昔日成都最为经典的街景。"山下兰芽短浸溪，松间沙路净无泥，萧萧暮雨子规啼。"凭一半实景、一半想象，我仿佛又看见苏东坡所描绘的溪畔画境。这难得的城市野趣，让人忍不住放慢脚步。

再往前，远远望见古桥的身影，由于近处有乔木和灌木遮挡，看得并不太清楚。像是一座石桥，红砂石桥拱和栏杆，桥身仿佛为青石。

走近仔细看，桥墩是老桥墩，分水尖和撞券石还在，老旧古朴的样子。原来印象里桥墩凤凰台上红砂石的镇水神兽，被岁月和水流打磨得圆润模糊，是古三洞桥的原物。现在神兽已不见踪影，变成了形状奇怪的混凝土堆。桥身整整齐齐、新新崭崭的石材应该是整修时覆盖于表面的，而不是传统的砌筑工艺。

网上说这座桥始建于清代光绪年间，经过多次修整，还基本保持原貌。2004年整治沙河时，按照"保持原貌神韵，符合现代功能"的原则再一次维修古桥。这样的描述有些含糊，并不太清楚改建后的小桥到底算是古桥还是新桥。

我沿河边土路走到桥头，一堵砖墙立于桥头。墙上有门，门常开，行人可以自由穿行。在桥头修建这堵墙，想必是不让机动车在桥上通行。不过，这样的方式显得不够考究，有一点破坏小桥的古意和环境风貌。

我在桥上来回走了几趟，顺便测量一下尺寸。桥长47步，宽9步。桥两侧有0.05米的抬高，形成宽1步的人行通道。这不太像是成都古桥的桥面样式。石栏杆高0.8米，柱头高1米，柱间距为1.2米。栏杆和栏板双面都有雕花。夏日的爬山虎顺着桥身往上、往桥中间铺展开去，像是要给整座桥铺上一张绿色的大网。桥面铺的石板比较防滑，不过，骑车上桥，因为有较大的坡度，比较费

·横跨沙河的古三洞桥，又称"上三洞桥"

·桥旁树林中的茶铺

·自然形成的公共交往空间

力。我站在桥上观察，大多是推车过桥的。电瓶车动力强劲一些，晃晃悠悠地上桥，一溜烟下坡。这是市区不多见的有漂亮弧度的石拱桥，这也给骑车上桥带来了一点困难，不过，正好可以感受一下古人推车过桥的艰难。

桥面南北两侧，有混凝土的汉阙造型，上面刻写"古三洞桥"。这样的汉阙造型在驷马桥头也见过，那是展现有关汉代司马相如的故事的。但是，在这里立几个假汉阙样式，是想说明什么呢？这古桥与汉代有怎样的关系？

小桥北头，有一块黑色花岗石石碑，安放在混凝土台基上。石碑上刻着：

区级文物保护单位
上三洞桥
成都市成华区人民政府
一九九八年六月十日公布
成都市成华区人民政府立

在这石碑后面，还有一根高杆，上有一块蓝色的牌子，是城市桥梁养护管理的公示牌，桥梁的名称改为了"古二洞桥"，牌子是成华区住房建设和交通运输局所立。

站在桥上四望，西边远处是一家甲状腺医院，东边是416医院，北侧是二环路高架桥，南边一派田园诗意。古桥的修缮让人多少有些遗憾，施工稍显粗糙，古桥细节保留太少，相关的文字介绍还需要仔细推敲。不过，岸边的自然风貌依旧和童年记忆里河边的印象一模一样，这让人意外，也给辛苦的寻访一丝慰藉和犒劳。

古桥已不古，而河岸却还在独自演奏成都古老的歌谣。这城市拆迁漏网之鱼，意外成为不可多得的怀旧宝地。

沙河三桥

这里说的沙河三桥，不是上一篇介绍的沙河古三洞桥，而是我偏爱的沙河上的三座小桥。因为这三座桥挨得比较近，索性放在一起写，统称为"沙河三桥"。

第一座是建设桥，是位于建设路上可通行机动车的桥梁。65步宽，却只有51步长，是一座矮胖子桥。栏杆高1.1米，柱高1.3米，柱顶有0.25米高的灯饰。桥面西头北侧的人行道端头有一个坡道较陡，行人容易滑倒，老年人上坡不太方便，所以增加了不锈钢扶手。这样不便行走的设计在市区很少见到。两岸有多个大型小区，电子科技大学沙河校区体量巨大的学生宿舍也在附近。我爱在这里的伊藤洋华堂负一楼买东西，驾车回家都会路过这座桥。走在这一带，能

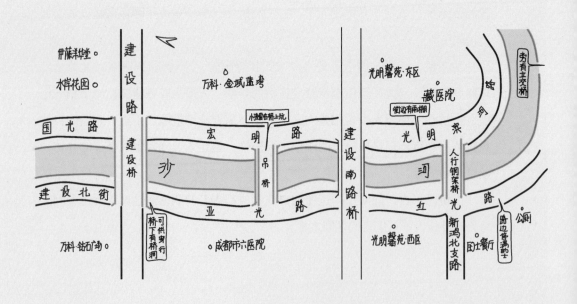

· 沙河三桥手绘示意图

够感受到东郊的繁华，也会让人回忆起昔日的荣光。我的不少高中同学过去住在这一带信箱单位的宿舍里。

走过无数次，过去却从来没有发现桥身栏杆柱子上刻有一段一段短小的文字：

新中国第一支黑白显像管——红光电子管厂

新中国第一支正温度系数热敏电阻——宏明电子厂

新中国最大的真空运用设备制造厂——南光机械厂

曾创出国内工具行业产量第一、出口创汇第一的纪录——成都量具刃具厂

新中国第一个无线电测量仪器厂——前锋无线电仪器厂

新中国最早建成的大型微特电机制造厂——成都电机厂

全国最大的军用钨钼丝生产基地——西南专用材料厂

新中国第二座喷气式歼击机发动机厂——新都机械厂

这低调的呈现形式和辉煌内容的反差，像极了东郊的企业和东郊的人——贡献很大，却不挂在嘴边；付出很多，却不求回报。

·建设桥双侧的桥洞成为行人穿行的涵洞

两侧的人行道地面上都装饰有金属板，板上刻字，介绍建设路的发展历史。

顺着前行的方向，依次看到的是：

20世纪50年代为圣猛路

1962年道路扩宽一倍

1965年更名为建设路

1990年建设路第一次改造

2003年建设路第二次改造

这些有价值的内容展现，让人走在路上也能了解历史。因道路改造，2022年桥又大变样了，变成了很科幻的样子，我喜欢的这些内容都没有了。

最有趣的是步道沿河穿过桥下，带一点神秘色彩的探险之旅。桥洞长3步宽，高度为1.85米，桥洞长度和桥面宽度是一样的。带圆弧状的内壁让我联想到了回形针。洞里光线较暗，借助微弱的光线看得见内壁上有植物图案的石刻，也有随意的涂鸦。洞中段靠河一侧有3步宽的开口，增加采光和通风。透过开口可以看见桥下的河道，河面上露出原来桥梁的基础部分，老桥的桥墩在河道的中央。抬头可以看见桥身是由平行双跨支撑的，而桥下开口正好在双跨之间。

西头的桥洞连接的是亚光路和建设北路，东侧的桥洞连接的是宏明路和国光路。在亚光路和宏明路之间的河面上，有一座吊桥。

这应该是成都市区唯一一座正常使用的吊桥吧，它将沙河两岸的成都市六医院和万科金域蓝湾小区联结在了一起。

桥面3步宽，两人并行没有问题。桥上面对面走过，也不用侧身让道。桥两侧各有5根钢缆牵引，既有连接桥体的作用，又起到栏杆防护的作用。为了保证安全，防止行人不小心坠落桥下，桥身两侧又用白色密目网做了安全防护。桥面横向密铺木板，木板两头用铆钉与金属压条固定。为了防止滑倒，木板上间隔一定距离加装防滑木条。孩子们喜欢在桥上跑来跑去，如同在游乐园里刺激地玩耍。大人们则会站在吊桥端头默默注视着孩子的一举一动，一旦有危险出现，立即采取行动。吊桥已不仅仅起到通行的作用，而是变成了游乐设施和特色景点。

· 连接两岸的吊桥是孩子们钟爱的游乐园

桥头小亭里，父女二人玩石头剪刀布的游戏，每次的输家会被惩罚在桥上跑上一个来回，乐此不疲。

桥头是红色矩形的框架结构，也就是我所说的小亭。12级台阶让老年人过桥有些困难。他们当然不会在桥上跑来跑去，而是选择低风险的休闲方式，坐在桥头的长条椅上闲聊。这里有一块圆形的空地，带一点桥头小广场的休闲意味。在桥头的城市桥梁养护管理公示牌上写着：

桥梁名称：沙河景观健康步行道2#人行吊桥
管养单位：成都市成华区

从吊桥沿河再往东走，两岸更加幽静，有郊外乡村的感觉。不远处有一座钢架桥连接光明滨河路和红光路。路边的黑色花岗石石碑上刻着：

510108-0044
一般不可移动文物
三五信箱钢架桥
成都市成华区文化体育和旅游局
2020年7月立

而桥身公示牌上的桥梁名称为光明滨河路人行桥，管养单位是成都市成华区住房建设和交通运输局。在城市里仔细观察，会发现许多类似的差别，虽然不伤大雅，但却不能体现现代一流城市管理的精细化水平。

桥长34步，但宽不足两步。1.2米的栏杆高度超过一般栏杆的高度标准，充分保证行走的安全。这样细长的样式应是出于降低建桥成本考虑，当年这应是工厂自建桥，供内部员工使用的。桥下没有桥墩，长长的钢梁横跨河面，两岸有钢结构斜支撑，保证桥面有足够的应力。桥应该是过去35信箱的工人师傅建造的，看上去敦厚结实，有一种质朴的工业美感。现在，为了让桥看上去更加美观，在左右栏杆外侧，增加了一些装饰性的金属线条，似游龙和祥云图

· 远望钢架桥似飞龙卧波

案的结合。小桥的日常维护还不够精细，桥身显得锈迹斑驳，有点像老树的皮肤。如果想呈现文物陈旧的历史感，就无须后期装饰性的设计，原原本本保留岁月的痕迹就好。

　　桥头红光路边有石板小路通岸边，在此可观小桥全貌。正南边是一个T形的路口，是红光路和新鸿北支路的交会点。因为这里有公厕和的士自助餐厅，所以有许多出租车停放在路边，绿油油的一片，整齐壮观。桥的北头，顺光明滨河路有长长的雨棚，是简易的金属棚架结构，让我想到了10多年前在新加坡随处可见到的风雨长廊。不知是谁有这样贴心的人性化设计。路人告诉我，新冠疫情时，为了方便来旁边的成都锦欣藏医医院排队接种疫苗的市民，临时搭建了遮阳防雨棚。

站在桥上东望，二环路高架桥似巨龙飞跨沙河，杉板桥立交桥复杂的弧形结构，如同节日小孩手里旋转的彩带，一圈一圈富有动感。西望，是沙河漂亮的弯道，两岸的梧桐树如同老人张开双臂呵护水道，光明馨苑从树林里探出头来，四下张望。对视之间，都在问，谁是这里的主人？

东郊工业文明史是成都城市史的重要组成部分，如何保存那段珍贵的历史记忆，我们想了不少的办法。在修公园、立雕塑、建博物馆的同时，也可尝试对现有的、具有实用价值的公共空间加以打造，使其兼具更多的文化功能。沙河上的这三座小桥就是不错的案例。将其与前面讲到的神仙三桥结合，会发现成都有许多可以串联整合的题材，而这样的串联整合会赋予城市公共空间及设施更多的附加功能和文化内涵。

天桥

说起成都老牌的人行天桥，印象最为深刻的应该是位于骡马市和羊市街口的未来号天桥，以及红星路上的少白绿廊吧。这些经典的天桥拆除后，成都又陆陆续续修建了大量的天桥。媒体关注各式网红天桥的奇特造型，而普通的老百姓，天天过天桥，他们更加关注这样的公共建筑对日常生活的影响。

金盾路人行天桥

如果说未来号天桥是成都第一代人行天桥，金盾路天桥就算是第二代了，又大又复杂。

金盾路有两座天桥，一座在东头，一座在西头，是成都老城区里奇特的公共建筑。造成这一奇特现象最直接的原因，是金盾路两个奇特的路口。

西头的天桥在文翁路、金盾路、东城根南街和陕西街交会口，这是一个"大"字形的路口。东头的也不简单，涉及三条大路：红照壁街、上南大街和金盾路，还包括两条小巷：南灯巷和忠孝巷。这让天桥的设计师左右为难。

这是一个"大"字形的人行天桥，在"大"字中心有一根立柱，天桥下道路中间的立柱在成都还不多见。

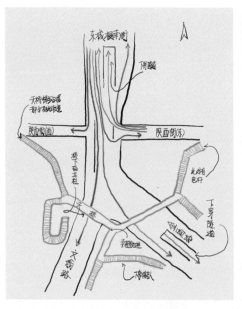

· 金盾路西侧车行路线及天桥手绘示意图

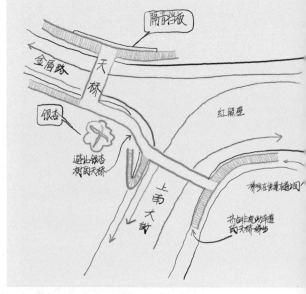

· 金盾路东侧车行路线及天桥手绘示意图

整座天桥一共有6处可以上下的梯步。其中，从陕西街西段的东头上下天桥的人最多。东西走向的陕西街原本是一条街，并不分段。后来南北方向修建了文翁路，将陕西街截断，分隔成东段和西段。这座天桥将陕西街的东段和西段连接在一起。

陕西街西段相对东段更有人气，西段有菜市场、人民公园和众多的临街小商铺。不断有行人从这里过街，其中有不少推自行车或童车过天桥的。一位看上去80来岁的老人拉小推车运着刚买的蔬菜回家。他走上天桥，在每一处平台都会休息一两分钟，然后又继续前进。天桥的每级台阶高0.1米，一共有68级台阶，有4处平台可以休息。台阶两侧是斜坡，推自行车、童车，或者拖两轮小车的行人，则会借助斜坡上下。根据《城市人行天桥与人行地道技术规范》的要求，梯道宜设休息平台，每个梯段踏步不应超过18级，否则必须加设缓步平台。此座天桥虽未完全符合相关技术规范的要求，但已做得不错了。栏杆高度为0.95米，感觉比一般天桥栏杆略微低一点。按照相关设计规范，栏杆高度不应小于1.05米。不知为何，一些设计师不喜欢严格按照规范来进行设计。

仔细观察，这处和其他各处都不一样。梯步开口有60%是在机动车道上，有40%在人行道上。一般来讲，台阶上下处都是和人行道连接，和机动车连接的情况非常少见，原因大致是这样的：一是这里人行道非常窄，而天桥梯步的宽度大于人行道宽度，只好占用部分机动车道了。二是这里过往的机动车非常少，因为从文翁路无法左转进入陕西街，从陕西街也无法左转进入文翁路，也无法直行进入陕西街东段。

这条街上买菜的老年人非常多，他们一般都习惯拉着两轮小车走在机动车道上，这样就能无缝对街天桥，可以直接从坡道上天桥。如果是从机动车道上人行道，因为有路缘石的高度，会增加一个上提的动作，许多老年人没有这个力气。同样的道理，骑自行车的人也非常方便上下，直接从机动车道骑上天桥，不用在人行道上过渡。

桥上栏杆有熊猫的画像。记得多年前，成都对外宣传的重点是大熊猫的故乡。近几年这样的宣传少了，但是大熊猫题材的图案在这座城市依旧随处可见。

我喜欢站在桥上北望。右侧，在陕西街东段西头是显眼的"陕西会馆"

·梯道设计便于行人上下天桥

·天桥下面下象棋的老人

·天桥上卖鞋垫的太婆

四个大字。路口有开心鲜果店和虹霖面馆。正前方，是下穿隧道的入口，挤满汽车屁股。左边，陕西街西段东头，有中国邮政和马记老妈蹄花店，路边还有一家水果店比较显眼。水果店的头上有几个招牌：中国福利彩票、中国体育彩票、亮美花艺和九九水果超市。

往北看视线最为开阔，东城根街一直延伸到看不见的远方。下穿隧道口，总是车辆交织。有的要进入下穿隧道，有的要在隧道口两侧路面直行。陕西街蓉城饭店路口，有驶入的车辆和驶出的车辆。而沿文翁路由北向南，行驶到陕西街路口时，有多种的行驶方向。有的要右拐进入金盾路，有的直行过路口，继续行驶在文翁路上，有的往右进入陕西街，还有的居然调头进入陕西街东段。

不过，天桥下面横穿马路的情况相对其他地方要少。路边人行道边加装了栏杆，阻止行人随意走上机动车道。再加上这路口是五条街的交会处，路口非常宽，在路口乱穿会让人感觉危险。在桥下的中心位置有一根立柱，这让桥下的视线有所阻挡，让企图穿越路口的人产生更多不确定的紧张感。

桥上，一位太婆在卖鞋垫。她选择桥面转角处，坐在一把折叠椅上，旁边是一辆两轮小拖车。拖车上放一个白色塑料筐，里面是各种图案的布鞋垫。她告诉我，有的是手工做的，有的是机器做的。手工的要贵一点，20元一双，机器的只要5元。虽然并不需要，我还买了一双20元的鞋垫，好顺利启动我的街头访谈。太婆是眉山人，来成都帮自己的孩子做家务，主要工作是帮忙照顾小孙子。有空的时候就上街卖鞋垫。早晨8点过，到华西医院门口摆摊，下午4点收摊，中午就吃自己带的盒饭。因为家住天桥附近的陕西街，路过天桥就在这里再摆一会儿摊，顺带歇一口气。生意最好的时间是国庆节前后，一天可以卖20多双鞋垫。不过，最热和最冷的时候就不出来摆摊了。反正是搞起耍，卖多卖少都无所谓。

沿金盾路往东走，看看那边的情况。

金盾路的东端与南大街、红照壁街交会，形成一个"Y"字。金盾路东头天桥就在这"Y"字的上面。但天桥却不是"Y"字，而是一个不太标准的"L"形。

从金盾路北侧人行道上桥，梯步3步宽，每阶梯步的高度只有0.1米，走起来感觉比较轻松。上桥后会看到桥与旁边的楼只有两步的间距。桥旁设立了隔音挡板，长32步。这样，减少了传入楼内住房的噪声，同时也让桥上行人看不到楼内住房里人的活动。桥上的通道有5步宽，过桥就是金盾路的南侧了。天桥拐弯，继续延展往东。我原来一直以为是一个"L"形的转弯，但后来发现并不是直角转弯，而是产生一条小斜边。估计这样是为了避开旁边一棵非常高大的银杏。斜边一头是金盾路，一边是南大街。一个"V"形折弯的步道，将天桥和南大街西侧人行道连接起来。南大街人行道有9步宽，到了这里只有3步宽，其中6步宽的区域被街边小区利用了起来。

过南大街就到东侧的人行道了。这时，发现梯步占据了非机动车道，原本接近5步的非机动车道被天桥梯步占据了一部分，可通行的宽度只有两步左右。由于实在太窄了，就将这段的非机动车道和人行道填平为一样的高度，这样，骑车时可以适当借用一下人行道的空间。

天桥的尽头是连接红照壁街的梯步。有趣的是，梯步的位置在机动车道和非机动车道之间。下了桥，就有点像是站在海中间。从天桥到人行道，就需要跨过非机动车道。似乎，对行人来讲存在小小的安全隐患。搞不清楚设计师这样设计的目的。也许，是天桥修好后，红照壁街又扩宽了机动车道，才会形成现在奇奇怪怪的样式吧。

春熙路人行天桥

春熙路人行天桥虽比不上金盾路天桥那么复杂，但也颇为有趣。这座建于2004年的天桥在成都名气不小，当时的媒体说这座成都最长、最大的"X"形连体人行天桥，恍若一只漂亮的蝴蝶，飞落在繁华的总府路上。

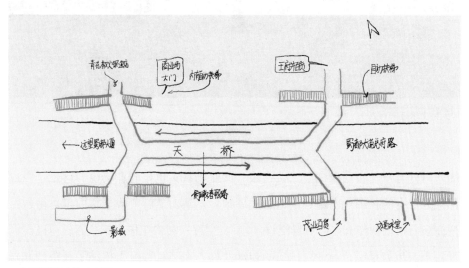

· 人行天桥手绘示意图

其实，天桥不是"X"形，而是两个连体的"Y"字形，有点像是在夏天池畔林间常见的蜻蜓交尾。天桥也并不是严格意义上的轴线对称布局，根据不同情况有不少非对称的变化。东北端通王府井百货二楼，有两部电梯上二楼。二楼出入口旁有麦当劳快餐店，在我的印象里这是成都第一家麦当劳快餐店。一楼是星巴克和喜茶饮品店。东南端天桥往东加长，这样，茂业百货就增加了一个文通冰室的出入口。楼下有公交站台，乘客过街比较方便。西北端靠近商业场，桥下有玉林串串香店和夫妻肺片店。这里虽然没有自动扶梯，但是在商业

·天桥上来住的行人

场入口处有双向自动扶梯与二楼连接。商业场其实也是商业场街，这是一条成都绝无仅有的长廊式街道，街道加建屋顶，这条街道就变成了室内步行街或巨型商场。自动扶梯就在商业场街1号位置。穿过一家青花椒火锅鱼店，可以走到天桥上。也就是说，商业厂门口的自动扶梯，在某种程度上扮演了天桥西北端自动扶梯的角色。不过，大多数行人并不知道这个秘密。

天桥西南端与西北端也不是对称设计的。除了连接成都棋院外，又向西南方向延展，与二楼的至潮影城和春西烤肉馆连接，天桥上的行人可以直接进入影城和烤肉店，大大提高了这两家店的通达性和商业价值。一楼依旧是老凤祥银楼和爱恋珠宝店，多年坚守黄金口岸。

桥面宽敞，6步的宽度，长度超过百米。两侧的栏杆有1.2米高，栏杆外侧还有一排玻璃栏杆，这些玻璃是特制双层夹胶的钢化玻璃，厚约2厘米。按照相关设计规范，天桥两侧边沿还设有挡檐构造物，防止物品坠落在马路上，发生安全事故。

这里是摄影爱好者拍摄城市景观的好地方。站在西头西望，可以看见当年成都第一高楼蜀都大厦，大厦楼下是熊猫广场。总府路在蜀都大厦拐一个漂亮的左弯，而直线延长线部分变成了提督街。两条道路像是一把西餐的叉子，叉子上长长的火腿肠就是蜀都大厦。在东头远望，城市东西干道消失在视线的尽头。天气好的时候，也许有可能看到东部龙泉山的城市森林公园。南望，不远处的春熙路北段入口旁边有一组群雕，是一些时尚的都市青年男女。人群在这里就分散开来，各自寻找自己喜欢的雕塑合影。不一会儿，分散的游客又呼朋唤友地聚在一起，悠悠闲闲地往南去。

2018年，网上有一则关于春熙路天桥的消息：

2004年，春熙路改造完成后，政府在此重新修建了一座大型蝶形天桥，将蜀都大道南北侧的春熙路和王府井大厦连接起来。这座天桥，也成了成都市民和外地游客们穿过蜀都大道的主要通道。该天桥共有8列阶梯供行人上下通行，其中王府井大厦侧和紫薇酒店侧的步行阶梯旁安装了3部手扶电梯。但近日有不少市民反映，这些电梯"成了摆设"，已停运很久，给市民过街造成了诸多不便。

对于电梯停摆半年，相关负责人表示确有其事。目前相关单位负责承担3部电梯的维保、管理和电费，每年费用合计约32万元。电梯停运后，对大修和更换两个方案进行了评估，大修需要70余万元，而换新电梯则需要170余万元。

从这则新闻可以看到，城市公共设施的维护成本往往非常高。设计师设计天桥既要考虑使用方便，造型漂亮，同时也要考虑建造成本和后期运维的费用。一座好的天桥，不仅要好看，更重要的是实用，而常态化的良好维护，是"好用好看"的基础和前提条件。给老百姓提供的每一处方便，其背后往往都凝聚着政府相关部门及专业人士精细的考虑和巨大的付出。而城市公共空间每一处细节的呈现，其设计水平和运维水平的高低，从某种程度上体现了城市管理水平的高低。

三环路北三段人行天桥

从韦家碾地铁站的E口出来，就可以看见上跨三环路的天桥。走几步就是绿道，标识牌上写的是熊猫绿道。小道边两三米高的路灯上，六边形的透明灯罩上，有简洁的熊猫图案。天桥边有一块醒目的牌子，上面写着：

成都露天音乐广场过天桥→

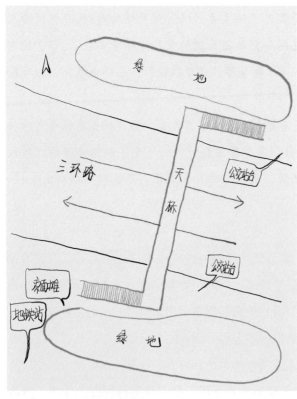

·三环路上人行天桥手绘示意图

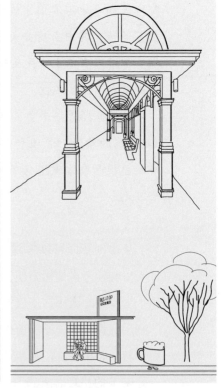

·天桥下公交车站与玉林东路公交车站
 的风格比较

天桥的上下通道比市区里的天桥宽，有6步的样子。两侧是斜坡，大约有一步半的宽度。中间是3步宽的梯步。我测量了斜坡的坡度接近1：5。我仔细观察上下的行人，骑自行车上天桥非常困难，一般都是推行。骑电瓶车没有问题，可以一口气过天桥。不过，上坡就没有办法搭人了，因为动力不够。对于坐轮椅的残疾人来讲，坡道稍微有些陡，上行困难。不过，非常有意思的是，梯步的高度比市区天桥低多了，只有0.1米。市区里的天桥梯步，一般是0.15米，至少也有0.12米。在《城市人行天桥与人行地道技术规范》中写得很清楚，人行天桥楼梯坡度不得大于1：2，手推自行车及童车的坡道坡度不宜大于1：4，残疾人手摇三轮车坡道坡度不宜大于1：12，有特殊困难时不应大于1：10。而梯道踏步最大步高以0.15米为宜。天桥上面是直道，没有顶盖，长33步，宽5步。站在上面看三环路的车流——仿佛一阵阵巨浪迎面而来。车流产生的风道效应，让双腿微微有些发凉，有风钻进了裤管里。两侧的栏杆高度为1.2米，栏杆之间的垂直杆间距为0.1米。

在天桥附近，除了地铁站，还有公交车站。三环路边的这些公交车站造型非常优美，金属结构的站亭有半圆形顶子，有几分欧洲城市的风格。成都有好多处的公交车站样式十分漂亮，除此之外，玉林东路也有一座公交车站，相当有艺术的美感。

天桥是反向"Z"字形。三环路两侧各有一个上下的通道，而市区里的天桥，一般来讲，两侧各有两个上下的通道。由于三环路人行道比较宽，单侧一个上下的通道，就可以把坡道和梯步都包括在里面了。

天桥下面，梯步旁边，也就是熊猫绿道的路口，有一辆电动货运三轮车，这是一个流动的路边小吃摊，名字叫"妖娆土豆"，卖一些凉面、凉皮、狼牙土豆和手工做的面筋，还有自制的酸梅汤。

我要了碗凉面一边吃一边聊，老板说我像是搞设计的，一边记录一边测量的忙碌样子看上去很专业。"这天桥，你们修得不错，上下都很方便，电瓶车直接冲上去，还是有点安逸。"我记下了她对天桥的评价。

问她为什么早晨不在这里卖包子馒头呢？她解释道，早晨卖包子馒头生意并不好，因为坐地铁是不能吃东西的。如果等下车再吃，又会凉了。所以，早晨年轻人一般是下了地铁再买吃的，而这里多是赶地铁的人。年轻人在北边住家，生活成本低，上班大多到南门，那里的写字楼多单位多。

下了班，年轻人从地铁出来，喜欢坐在这里吃东西。所以，她就从下午4点一直摆摊到晚上8点。原来生意不错，行人在这里吃罢，就走过天桥，到街对面坐车到新都大丰方向去。地铁5号线开通后，可以坐地铁直达大丰，下班顺路来这里照顾生意的人就减少了许多。也许下一次来，我也就不一定还能吃上这"妖娆"的凉面了。

益州大道人行天桥

　　乘车路过，无意间发现这座封闭式天桥。外墙采用铝板饰面，有连续的树枝纹理，猜想是寓意像树苗一样茁壮成长吧。主桥采用全钢结构桁架，整体显得十分轻盈。我在手机上迅速标记定位，以便专门找时间来寻访。当时心里想，天桥附近有幼儿园或学校吗？

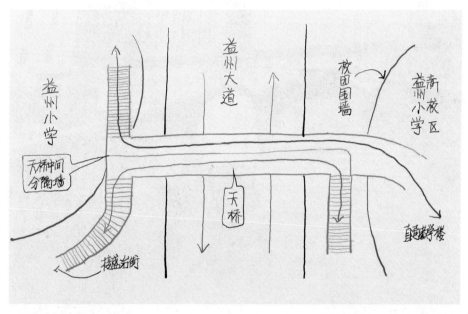

·天桥动线分离手绘示意图

　　网上查找资料，情况果真如此。

　　这座天桥是2019年新学期开学时建成的，准确的位置在益州大道吉瑞五路路口处。人行天桥横跨益州大道，将益州小学新老两个校区连接在一起。益州小学新旧校区分别在道路两侧，随着新校区建成，学校师生需要频繁往返于两

· 天桥梯步

个校区之间。在这里增建一座人行天桥，既能提升两侧校园的往返效率，又能保障通行安全。

天桥桥面宽8米，内部采用封闭式的物理隔离方式，实现双通道动线分离。按照《城市人行天桥和人行地道技术规范》的要求，天桥桥面净宽不宜小于3米。这座天桥即便被分隔为两部分，每一部分天桥的宽度依然大于3米。桥身中间隔断，一侧供街道两侧学校的师生通行，一侧供人行道上行人过街使用。上部留有空间，便于通风透气。梯步连接处通过设置V形支撑巧妙避开空间制约，格局巧妙且造型优美。通向小学的部分，一边连接到操场，一边连接教学楼的二楼，这样让天桥充满了变化。天桥栏杆有1.3米高，而学校通道部分的栏杆又增加了些高度，目测在1.4米以上。一般来讲，现代城市人行天桥大多没有带顶盖的设计，除了降低工程造价的考虑外，还为了减少闲杂人员长时间滞留天桥上的概率，像益州大道天桥这样有顶盖的设计，在成都非常少见。

我在网上搜索到这样的信息：益州小学穿越益州大道人行通道工程施工标段的中标候选人，排名前三的分别是四川锦城智信建设工程有限公司、成都建工第七建筑工程有限公司和成都建工路桥建设有限公司。第一名的投标报价为9434866.61元，也就是说，修建一座这样的天桥，大约要花费一千万元。

相对而言，这座天桥的设计相比文翁路天桥更加合理。文翁路天桥也是连接同一学校街道两侧的不同区域，但是，文翁路天桥没有行人过街的功能，而益州大道人行天桥在提高校园之间的无障碍通行外，还有城市市政设施的公共空间作用，为普通市民提供步行过街的方便。从成本的角度来讲，修一座这样有两种功能的复合型天桥，比分别修两座不同功能的天桥要节约不少。而且，益州大道人行天桥设计更有美感，更加人性化。这是成都城南新区一座设计非常成功的天桥，将实用功能和设计美学完美结合。我很想知道这位优秀设计师的名字。

天府二街如意桥

这几年，成都人行天桥的样式越修越奇，好像有一种相互比拼的竞争感。这比赛的结果就是出现了各式各样的网红桥，令人目不暇接。

网上说，这座桥就像一件精美的如意镶嵌于城市之中，我心向往之。

多年以来，城市的人行天桥功能单纯为缓解局部交通节点通行压力；而现在的天桥设计将城市景观功能与周边环境整体的发展和美学功能相融合，有更好的通行体验感，在丰富城市景观的同时，完善城市慢行系统，提升区域通行效率。

如意桥一头连居民小区，一头接大源公园。两侧的引桥各有两个，一个是盘旋状，与人行道连接，另外一个连接小区和公园。没有梯步，都是缓坡上下。为了尽量平缓，把引桥做得长一些，这样走起来不太费劲，自行车和轮椅

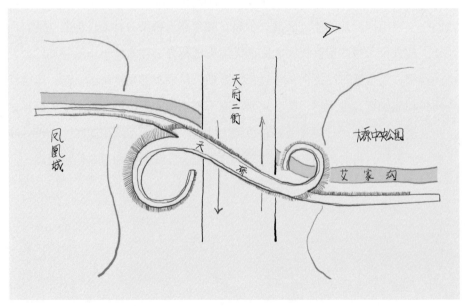

· 俯瞰天桥，不像如意，却似挂钩

也可以上下桥。桥面8步宽，引桥要稍微窄一点，只有5步宽。栏杆高度在上衣第4颗纽扣处，在膝盖上方一拳的高度有一根金属扶手，间隔一定距离扶手上还有防滑圈。这应该是为残障人士和小朋友设计的装置。桥面两端各有一片巨大的柳叶状凳子，供行人小坐。但是，3月初下午的太阳已经把"柳叶"晒得非常烫，没有人坐得住。如果在夏天，叶子表面的温度就更高了，估计只有孙悟空敢坐了。

桥下是快速行驶的车辆，络绎不绝。为了防止桥上的坠物导致交通安全事故，天桥两侧有0.5米左右的檐口，以及扇形骨架状的装饰灯柱，像二战时期战壕前防止敌人攻击的隔离桩和铁丝网，这造型也像是海滩上防止坦克上岸的混凝土桩。红白相间的矩形柱状灯箱，在白天看起来像是马路边的路桩。如果找一个优美点的词语来形容，我觉得很像中国古代的排箫，有一种音乐的节奏感。

桥旁有小河沟，河上有混凝土小桥。河边有城市桥梁养护公示牌，根据上面的文字得知这条小河叫艾家沟。天桥因为跨过了这条沟渠，也就具备河道桥梁的功用了。

说到如意桥，我想到了位于北京的国家跳台滑雪中心。整个场馆依自然山势而建，外观结构与中国古代"如意"的S形曲线融合，被称为"雪如意"。一柄如意包括柄首、柄身、柄尾三个部分。在国家跳台滑雪中心建筑上，我们可以看到这三个组成部分，但是，成都的如意桥好像不太像古代的如意，也没有柄首和柄尾的明显区别。中国有一种叫"如意"的传统吉祥图案，天桥大概借鉴了这种样式的灵感。但如意纹样和如意并不是一回事情。而桥上两侧扇形骨架状装饰灯柱，在我看来其实有几分中国传统排箫的美感。从空中俯瞰，又很像古人腰间常有的玉质挂饰。

交子大道交子之环天桥

　　成都网红天桥造型大比拼，在这里达到高峰。这是一个值得仔细研究的公共设施设计案例。

　　在益州大道和交子大道的路口有一座网红天桥，这座环状橙红色的人行天桥叫娇子之环。流畅动感的曲线造型、钢结构所呈现的轻盈质感，让这座桥梁

・行人过街并不走天桥

成为交子金融大街上标志性的建筑。它的大气与明快，与周围的建筑和远处的交子双塔交相辉映、相得益彰。

桥面宽10米，走一圈的长度是300米。桥上有风雨环廊、咖啡馆、礼品店、座椅和颇为抽象的雕塑。交子之环天桥看上去不仅是一座通行的桥梁，更像是一座观景桥，人们可以走上桥梁，从另一种全新的视角来欣赏交子双塔和交子金融大街。

我乘坐K11公交车从益州大道北段下车，从天桥东北角的坡道上桥。长长的缓坡走起来颇为舒适。桥为圆环状，桥面由红蓝两种颜色形成内外两环。头顶有雨棚状的钢结构造型，看上去像是巨蟒身上的鳞甲。中午的顶光在脚下形成了漂亮的线条。在不同位置，由于侧边不同的空间，形成了不同的框架取景和构图。最佳的观景角度不是正对双塔，而是在西南侧，采用横构图，同时拍下中航国际广场和双塔。

桥上有装置艺术和置石装点，还有一家小型的礼品店，销售与成都有关的文创产品。网上说会开一家咖啡馆，我仔细观察，发现没有预留的上水和下水管线，又没有厕所的配置，开一家咖啡馆估计难度不小。我在中午12点半仔细观察桥上的人，发现大多没有带包，行走缓慢，步态闲适，丝毫没有行色匆匆的紧张感。他们应该是午饭后来桥上散步的。桥下有人行横道线，路上的行人大多走桥下直接过街，而非通过天桥过街。桥身内外侧有1.4米高的金属栏板，防止攀爬、翻越和高空坠物。栏板旁1.1米高的位置设有扶手。

天桥的东南和东北方向为坡道结合螺旋楼梯上下，西北方向为梯道结合螺旋楼梯上下。天桥通过多种坡道与交子大街的慢行步道连接，桥上设有步道、慢跑道、观景平台等公共设施，形成多元化活动的一体化空间。但是，真正过街的行人却不会上天桥的，这似乎让人行天桥失去了最为本质的意义和作用。设计师把一切都考虑到了，唯独没有把这一点考虑到。

台阶下还有观演大台阶，这是街头表演的点位，设计奇妙。在0.15米的标准步高梯步旁，增加了组合梯步设计，把梯步又分为0.1米高的梯步和0.3米的梯步组合，每3个0.1米的梯步和一个0.3米的梯步齐平。0.3米的梯步并不是用来上下通行的，而是作为观看街头表演的台阶座位。为了防止行人在高台阶上下，有跌落的意外情况发生，增加了不锈钢栏杆。

这座天桥的主体大致由结构环、交通环、风雨环廊三部分构成。结构环和风雨环廊是主体外观，是路上行人关注的重点。设计方案介绍，桥的配色灵感源自珊瑚嵌珠镯，由上至下，从皦玉、赫霞，到赫尾、朱柿，变换的色彩构建出起承转合的效果。这看起来都是些非常高深的美学概念。其实，皦玉就是灰白色，所谓赫霞和赫尾什么的，不过就是略有深浅差异的橙红色罢了。

网上说，桥身立面通过交子纸币的多层叠加变形塑造而成，形成灵动有机的流线形态。桥面上设计了交子十二时辰、方向方位等地面标识，并通过标识系统表现"物料货币—金属货币—纸币—数字货币"的货币演化历程，将历史文化融入现代生活场景，再现地域特色。我在桥上仔细琢磨，还是没有搞懂设计师的用意。

据说，设计师以交子纸币为原型，总体形态设计来自交子纸币上的铜币纹路，通过解构重塑用飘逸的曲线展现纸的轻柔与结构的造型之美。

但是，这天桥的样式恰恰不是交子的样子。

宋代出现了全世界最早的纸币，但宋代的纸币有多种，不只有交子一种。

北宋的交子是世界上最早的纸币，起于民间，初由富商经办，可随时兑换为现钱，属于可兑换纸币。《中国历史大事年表·古代》卷说，北宋仁宗天圣元年（1023年）二月二十日，由益州交子务主持发行交子，在川蜀地区流通，严禁私造。北宋虽然发行了纸币，但其使用还局限于部分地区以及暂时性的阶段上，政府及民间仍以使用铜钱为主。直到南宋，纸币才开始代替铜钱成为主要货币。交子作为世界上最早的纸币，产生于北宋时期的四川。而宋初的四川因唐末以来很少遭受战乱的破坏，社会相对稳定，经济文化持续发展。成都地区普遍使用的铁钱已不能适应大宗贸易所需要的巨额支付。所以，随着长途贩运和大宗交易的发展，信用货币作为支付手段的职能必然扩大，这就为纸币的产生创造了条件。因此，在宋代商品经济高度发达却仍然流通铁钱的四川地区，首先孕育产生了最早的纸币交子。

钱引是替代交子而起的一种新的纸币，"引"是宋代对官府颁发的有价证券的一种代称，例如"盐引"代表食盐，"茶引"代表茶叶。北宋时商人在京师或沿边入纳一定数量的粮草或现钱，就能换取茶引或盐引，可到产地领取茶叶或食盐贩运出售，获取现金。

会子也是一种纸币，是对陕西地区使用交子的另一种称呼，也是在一地纳钱后收到的赴另一地取钱的凭证，最初也是由民间发行。

宋代改"四川交子务为钱引务"后，交子便被钱引取代。但是，南宋初年，一些统兵的将领，为了筹措军储，在驻地又印造发行了以"交子"为名的纸币。在这些以"交子"为名的纸币中，影响最大、流通时间最长的是两淮交子，简称"淮交"。

关子是宋朝最后一种纸币。在宋朝，关子作为官司之间的往来文书，得以广泛使用，并由文书逐渐演变为一种凭证、执照，增添了信用性质，使用时须签押用印，慢慢演变为一种纸币。

当然，除了朝廷统一发行的纸币外，南宋另有多种地方性的纸币，如川引、银会、湖会、淮交等。

交子之环的设计师选用的图案其实并不是交子的图案。目前我国和国外还没有发现流传下来的交子实物。我们现在看到的宋代纸币图案都不是成都交子的图案。天桥的设计师也就不可能根据交子图案来设计天桥了。交子之环上的圆圈造型其实也不是宋代纸币的样式，而是古代铁钱或铜钱的样式。纸币就是一张纸，又怎么会是圆环状呢？建筑设计师似乎对古代历史，特别是地方历史文化相对陌生。

2024年4月10日是交子正式发行一千周年纪念日，在这个重要的时间即将到来之际，成都人和设计成都建筑的设计师们，值得多花点时间了解一些有关交子的知识。

小园

建设公园城市，让城市处处看上去都像公园一样美丽，市民们就如同生活在公园里。城市不仅需要大型的公园，还要有数量众多的社区小游园或口袋式微型公园。玲珑小巧的园子看上去不那么时尚大气，但丰富的实用功能，极低的运维成本，和人情美美的社交氛围，却使其成为普通人，特别是老年人的最爱。

人民中路后子门游园

　　成都市区有数不清的街头小游园，从这里说起，是因为后子门游园对我来讲，有特殊的纪念意义。

　　在四川科技馆的后边，准确讲是在它的北面，有一个三角形的小游园，有时人们叫它绿地，有时称其为广场。过去，这里是一块市民们特别喜欢的休闲地，那个时代，成都市区还没有像现在这样多的小游园和口袋公园，可供选择的休闲去处不多，好像连"休闲"二字都少有人提及。这里一是交通方便，二

·平日冷清的后子门游园

是植物茂密，所以，晚间有不少年轻人喜欢来这里谈恋爱，其中就包括我自己。

当时，我和女朋友喜欢在晚饭后相约来这里。那时没有网络，没有手机，我们都是在见面时就约定下次的时间和地点。在昏黄的路灯下找一张绿色的木质双人靠背椅，一聊就是大半个晚上。我们两人的自行车就并排停放在旁边，她的是高档的菲尼克斯牌，我的则是借用的母亲的"坐骑"——一辆老式的女士飞鸽牌。我中学毕业后到北方读大学，毕业后回成都上班，对在市区什么地方谈恋爱没有任何成熟的经验。我们约会的地点都选在公共场所，主要有三处：一是后子门芙蓉花仙雕塑脚

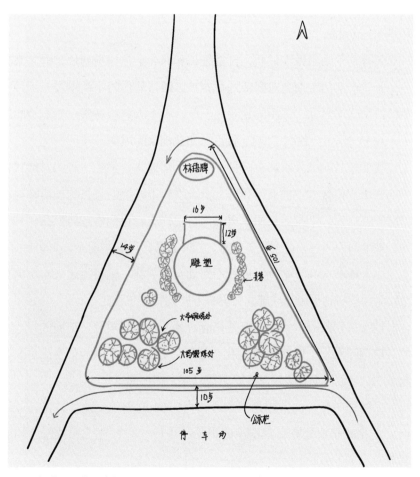

· 后子门游园手绘示意图

下，二是毛主席像的台阶上，还有就是华西坝钟楼池塘边。这三处都处在城市中轴线上，风景一流，场地免费，全天候开放。

现在，密实的植物消失了，让一切行动都失去了隐蔽性，也少了些温馨浪漫的气息。原来游园靠南的一大片改为了光秃秃的停车场。围绕芙蓉仙子雕塑形成了一个小型的开放空间。大约是在2011年初，后子门这一片三角绿地完成了改造，以全新面貌向市民开放时，当年的女朋友早已变成了我的妻子。通过公示栏上的介绍，可知这一片官方的名字是成都市后子门游园。

1990年落成的仙女雕塑，原位于二环路交大路口的《五丁开山》，原位于水碾河路口的《建设者》，并称当时成都的三大城市雕塑。开山的五丁和城市建设者早已挪了地方，只有美丽的仙子还在原地眺望着人民北路。其实，准确讲芙蓉仙子视线方向应该是五担山，因为人民南路正北是五担山，而不是人民北路和火车北站。

芙蓉仙子为不锈钢材质，日常维护和保养工作非常到位，看起来总是干干净净。管理部门定期会对雕塑进行养护。雕塑使用的不锈钢没有那种亮闪闪的栏杆扶手式的光泽，采用的是亚光工艺，看上去典雅含蓄。轻盈美丽的芙蓉仙子，其实"体重"达到了3吨，接近一头亚洲象的重量。

我们常见的飞天服饰有两种，一种是裙披式，另外一种叫对襟式。芙蓉仙子的衣饰为裙披式。仙女袒露着上身，手臂上缠绕的长长的披帛临风飘舞着，如同彩虹一般。下身着长裙，裙摆为百褶样式，也迎着东风飘摆。仙女向东飞翔，披帛向西飞舞，造型优美轻盈，同时让雕塑得以平衡。

由于雕塑太高，站得太近看不到仙女的头部，站得太远又看不清全身的细节。我用手机拍摄雕塑局部，在屏幕上放大后仔细欣赏。

仙女束髻戴冠，头上的冠是花冠。颈子上饰配项圈，项圈的样式与耳环的样式协调呼应。上臂戴臂钏，手腕上有手镯装饰。我以为仙女的头发是全部盘起来的，转到后面才发现其实是束成马尾，粗粗地垂在脑后。

以雕塑为中心的游园是一个边长为105步的等边三角形，是正北正南的朝向。正北的角顶处有街景造型的小品，由仿红砖、竹子和坡屋顶构成。上面写着：

· 游园北端的标语牌

人民有信仰

国家有力量

民族有希望

　　三角形里面是一个圆形的空间,圆周长128步。大圆里面还有一个略微小一点的圆圈,周长74步。有两排半圆形的植物排列,栽种的都是芙蓉树。圆心处就是雕塑,所有的圆都仿佛是这雕塑的光环。在正北的圆弧顶处往北扩展了一个矩形的区域,长16步,宽12步。想必是用作一些聚会的活动场地吧。

　　游园里没有了一张座椅,这让游园看起来并没有太多游玩的意思,而像是一个广场。但是,如果说这里是一个广场,又没有足够开阔的空间,可以举行一些上规模的活动。那长16步、宽12步的矩形,实在是算不上广场,打个羽毛球都展不开手脚。

　　游园东西两角各有一片小树林,有两个老人在西侧的小树林里锻炼。大妈伸展双臂,吊在树枝上,前后晃动,估计是想以此来拉伸。大爷先是坐在花台边抽烟，然后打了一趟太极拳，又练了一组太极剑。大爷估计是个比较随性的人，全过程都没有好好地蹲马步，直直地站立着，只是上半身参与了一些锻炼。

三角形两边是在游园东西两侧分叉的人民中路，道路宽度均为14步。路边有16路公交车站，我常常在这里上车或下车。到这一带来，最好是乘坐公共汽车，开车过来找合适的停车点并不容易，这寸土寸金的地方停车费也不便宜。

科技馆背后倒是有一片地面停车区，平日应该是为来办证中心办事的人提供方便，周末则是为驾车来科技馆参观的市民提供停车服务的。停车场的地面画了许多圆圈，我觉得像是芙蓉仙子撒下的花朵，不知设计师的原意是不是这样。这样一来，就让毫不相干的游园和停车场产生了联系，也增添了一些诗情画意。

一条10步宽的道路，将游园和科技馆停车场隔开，这里也就变成了人民中路一个主要的机动车调头区，或者是一个三角形的调头岛。在人民中路后子门段行驶的机动车，由北向南行驶只能在这里调头。而由南向北行驶的车辆过了天府广场，要想调头也只有选择这里。不过，由南向北行驶的车辆在此有两次调头机会。一次是利用这条10步宽的道路调头，还有一次是在三角形的顶端调头。

后子门人气和商气现在都比较低。一是这一带停车困难，二是东侧的体育场闲置多年，大幅降低了这里的人口密度。人民中路西侧的商铺原来是销售体育用品的，生意大多不错；现在，商铺已被产权单位收回，街道显得空空荡荡。后子门片区的拆迁工作已大面积铺开，让这一带的人口密度进一步降低、人流量进一步减小。

对比原来和现在的后子门游园，它的衰落，除开时代变化的客观因素，以及人们休闲方式的巨大转变外，我们的城市设计师们也似乎还有可以改进的地方。

游园过于开敞，没有树木的荫蔽，降低了对游客的吸引力。配套设施单一，没有适量的桌椅配置，大幅减少了游客的停留时间。这样的小游园主要针对附近的居民，周边常住人口大幅度减少，也导致来游园的常客相应大量减少。改造后的后子门游园，从某种意义上讲，更加强调雕塑的景观价值，仿佛有意减少人群在这里停留和聚集的时间和概率。也许，这是从城市安全性管理的需要出发。但是，这样一来，后子门游园也就不能算是真正意义上的游园了。

这原本好耍的地方变成了一处城市景观，一处供开车的人透过车窗玻璃欣赏的美丽风景，好看但缺少乐趣。我觉得这里仿佛变成了一条大船，仙女在船头迎风舞动，但少有人上船。

笔者私以为，可以增加一些有关后子门和皇城历史的介绍，也可以讲述有关城市雕塑方面的故事，总之，要让老百姓觉得这里方便、舒适、有趣。

我上班时，一般会在早晨7点钟路过这里。先是对着船头驶去。然后从船的左舷掠过。芙蓉仙子在我的左侧时隐时现，我会看上一眼。但她是从来不会理会我，因为她时刻准备往东方飞去。因为常常有车辆在这里调头、变线、并道，所以我总会降低车速，多看雕塑一眼。当我驶入人民南路时，就像是被势伴流或形状伴流吸到这条大船的尾部，有一股巨大的力量推着我继续一路向南。

游园不再游园，我很想知道，现在的年轻人都去什么地方谈恋爱了呢？

· 一只鸟站在游园雕塑的头顶

青羊东二路游园

对于喜爱游走街头的我来讲，不知道青羊东二路游园是个不小的遗憾。当闲逛附近的青羊农贸市场，路过此地，偶然发现这充满市井气息的小游园时，心里蹦出四个字：相见恨晚。

第一眼看见这小游园，乱糟糟里透出勃勃生机，一派其乐融融的景象。

这是一个比较标准的矩形区域，纵深70步，宽50步。我把这个矩形分为三个功能区：一个是入口的乱石景观区，一个是竹林休闲区，还有一个是露天茶座区。这是一个利用率非常高、人气非常旺的游园，其人流来源一是周围老居民区，另一个是不远处那个规模颇大的菜市场。

游园虽然被相邻建筑三面合围，却是一个高度开放的公共空间。

开口处在路边人行道上，距离路缘石只有两步半。入口位置是乱石置景。其实，这游园并没有所谓的出入口，没有围墙，也没有大门，连常见的植物墙或竹篱笆什么的都没有。不知设计师为何在路边置石，传统的城市园林景观似乎并没有这样的惯例。不过，也许他当时并不知道，这样的设计会带来怎样神奇的效果。

路过的市民，一屁股坐下去就算是进入游园开始休闲活动了，动作干净利落。因为人行道太窄，游园没有边界的概念，也就没有进入的仪式感。而这些石头就在路边，触手可及，对路人有不可抗拒的吸引力。三三两两的市民坐在大石头上面，年龄从两三岁到八九十岁不等。有的聊天，有的玩手机，有的逗小狗，还有的聚在一起打牌。大妈抱孩子，孩子抱奶瓶，奶瓶里是晃晃荡荡的牛奶，因为摇晃频繁，牛奶表面出现了不少气泡。由于不是标准的休闲桌椅配置，因地制宜就有更多的灵活性和自由发挥的空间，也有了五花八门的姿态和人群组合方式。因为不是坐在椅子上，而是坐在各种形状的大石头上，看上去像是山间的远足郊游，也像是地质人员的野外考察，更像是古代竹林七贤的闲散聚会。大家自得其乐的样子会让人想起道法自然。

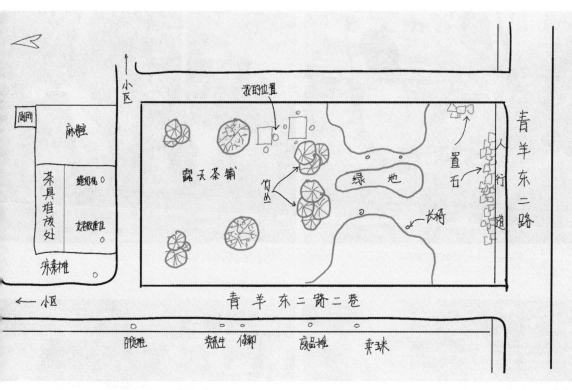

· 青羊东二路游园手绘示意图

　　其实，对这些普通市民来讲，来这里坐坐不会总想到什么竹林七贤，这与他们有啥子关系呢？只不过正好有这么个地方歇一歇、玩一玩，仅此而已。况且，路边没有椅凳一类的选择，这些石头就是路人唯一的坐具。

　　穿过人声鼎沸的乱石区，往里走就安静了许多，里面是一片竹林和用竹子搭成的各种造型。通幽曲径边是靠背长椅，有老人静静坐在这里。残障人士坐在轮椅上，而轮椅停靠在长椅边，相互靠得近，便于聊天。发现一个有趣的现象，竹林区的人都比较斯文，平均年龄要大一些，说话的声音普遍要小一些，或者干脆不说话。而乱石区路边那些喜欢热闹的人，大多比较健壮，从事体力劳动的相对较多，比如卖菜的，收废品的，带孩子的保姆等。他们是不会选择这优雅的休闲区的，因为不能聚在一起围成圈，也就没得法子打牌和下棋。对他们来讲，傻傻的静坐和聊天有啥子意思呢？

· 游园边缘与人行道的空间关系

· 悠闲的茶客刚从菜市场归来

· 游园边修脚的市民

· 街头经济是街头观察的重点

再往里走看看。

穿过竹林就是露天喝茶的地方了。这是一个25步见方的空坝子，四面有一丛一丛的竹子和枝叶伸展的大树，其间有五六把蓝白相间的遮阳大伞。在阴凉的地方摆着木方桌和竹椅。穿浅红色碎花连衣裙的女老板看起来40来岁，走过来直接问我：喝5元的还是8元的？我迟疑一下，回答：来8元的。又问：花的还是素的？我说：素的吧。2分钟后，老板一手拿茶杯，一手拎着水壶从一个自建的棚子里走过来。也不问，将茶杯里的水倒掉，茶叶留在杯底，然后，将茶杯放在我面前，再往杯里续水。这就算是当着客人的面洗了茶。全过程都是老板亲自服务，这是资格的成都人开茶铺，没有招牌，不请小工，挣的都是净钱。

旁边一桌有四位老人，桌上放着4个样式各异的保温水杯，有大有小，有玻璃的，有不锈钢的，有新崭崭的，也有古董级别的。看样子，他们是附近小区的老住户，茶铺的常客，自己带杯子带茶叶，既卫生又便宜。茶铺提供开水，每人3元。当然，这价格里不仅包含开水钱、服务费，还包括座位费和客人享受空间的成本。这自然是高性价比的，宽窄巷子和锦里的茶铺都望尘莫及。他们中间有两位是先在菜市场买了菜，再过来喝茶的。因为，在这两人的身边放着胀鼓鼓的塑料袋，里面是绿油油的新鲜蔬菜，看菜的分量，大概是中午和晚上的菜都解决了。明天的菜明天再说，资格的成都人不像美国人逛超市买一周的物资，都是买当天的东西，吃最新鲜的蔬菜。

五六口茶下肚，30分钟轻飘飘过去。一位穿黑色紧身背心的大哥走到我身边，微笑一下。我也是见过一些"市面"的，像见到老熟人一样对他说：坐会儿嘛？大哥有些结实，隐隐约约看得见手臂上的肌肉。他坐在我旁边的椅子上，将手里的墨绿色军用保温水杯往桌上轻轻一放。见我直勾勾看着他的杯子，便笑着解释道：也没有啥子特别，就是结实，打不烂。他说几乎每天来喝茶，夏天上午来，下午太热，就在家里吹空调了。

旁边一桌听见我们在聊天，一位大爷扭头，把话接了过去。这周边的房子有40年的历史了。他自己是1984年搬过来的，当时只有两栋楼房，周围只有田坝和乱七八糟的东西，就连门口的道路都没有名字。旁边像样点的房子就是成都中医药大学的房子了，学校20世纪50年代就有了，历史相当悠久。让我相当吃惊的是，他居然知道成都中医药大学所在地是成都医士学校旧址。他们就是成都的竹林七贤！

再往前是一栋老房子，从水磨石外墙推断，建筑有些年头了。老板姓罗——就是刚才给我倒水的那位大姐，坐在屋檐下聊天。旁边有一台缝纫机，一位瘦瘦的大姐忙个不停，低着头踩着缝纫机脚踏板。机器有节奏的嗒嗒声让我想起小时候自家屋头的那台蝴蝶牌缝纫机。有一个夏天，母亲用缝纫机一口气为我缝制了21条白色棉布内裤。

老板所在的位置是麻将室的门口。因为厕所在麻将室里面，我上厕所顺带进行了"侦察"。上午战斗还没有开始，8桌电动麻将整齐安静，室内空荡荡的，似电影中大战前的寂静，让人期待又紧张。一位老人独自坐在麻将桌边，一动不动，偶尔看看手机，或者抬头看看窗外。窗外柔和的阳光照在他的脸上，有一种油画般的质感。他坐在这里干什么呢？是总结这几天牌局的得失，还是等待牌友的光临？

从屋子里出来，我又在游园周边逛了逛。游园虽然被小区三面包围，但三边都有道路，这些道路分别通向不同的小区。路边有摆摊的小贩，卖自制的凉菜、自家种的苞谷、手工做的鞋垫。一位大姐在给一位大妈修脚，大妈一只光脚放在大姐的腿上。我问了一句：修脚多少钱？回答：16元。又问：是一只脚还是两只脚？大姐停住手里的活儿，哈哈大笑：当然是两只，咋个是一只嘛？

我一边观察一边思考，小小游园为何这样受欢迎？

首先是入口的石头吸引过往的路人，可坐可靠可躺，灵活外加便捷。同时，便于自由组合，也便于招呼路边认识的人加入"战斗"。竹林提供了一个缓冲的区域，而后面的茶铺可以留住茶客。茶铺有厕所，是喝茶必不可少的配套设施。周边老小区里的老住户则是小游园的主力军。旁边几个小区的住户进进出出都会经过这个游园，顺路逛逛坐坐是他们日常生活中不可或缺的一部分。对老年人来讲，最缺乏和最需要的是人与人之间的交流。而目前的城市，这样的游园能够提供最为便捷和最低成本的交流机会和社交空间。我所理解的公园城市，不在于拥有多少远离城区的大型公园和大型水域，而是要多一些贴近日常生活和工作区域，可以方便利用的小型公共空间；不在于公共空间多漂亮多大气，而在于亲民、方便。现在不是常提"口袋公园"吗？城市里的口袋公园或小游园星罗棋布，贴近社区与生活，就是普通人眼里的公园城市。

洗面桥街小游园

在洗面桥街和洗面桥横街交会处有一处小游园，在地图上叫洗面桥文化广场。这里距离武侯祠不远，不少街名、地名与三国历史有些关联。

游园的两个边界分别在洗面桥街和洗面桥横街的人行道边上。转弯处花台内退四步，形成出入口的缓冲空间，防止从游园出来的游人和人行道上的行人发生碰撞和相互干扰。出入口通道两旁是一人高的绿化带，宣传栏在绿化带后面，进出游园不大容易看得清楚宣传栏上面的内容。走进游园，左侧的树林里

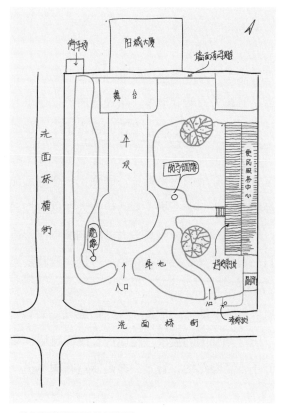

· 洗面桥街游园手绘示意图

· 游园围墙上的浮雕

有一尊跪像，看打扮像是小人书里三国时期刘备的形象。没有看到相关文字说明，估计是刘备当年前往关羽的衣冠冢，路过洗面桥，在小河边洗脸正衣冠的故事吧。右侧的灌木边有一个指示牌，上面的箭头指示，浆洗街主题游园就在眼前了。

　　游园的核心区是一个开敞的大平坝子。平坝由一个圆形和一个矩形区域组合而成。圆形直径约为21步，有一男一女两位老人在这里打羽毛球。圆形空间接一个矩形空间，矩形长12步。一座高头大马的铜像立在旁边，鬃毛、马鞍和马尾处已被无数只手磨出了亮晃晃的古铜色——这大概就是当年关羽骑过的战马形象吧。

　　往前，游园的尽头是小舞台，面宽15步，进深9步。舞台背后有混凝土材质的浅浮雕，反映三国时期蜀国的故事。爬山虎长满浮雕墙，墙上的浅浮雕人物和动物在植物的叶子下隐隐约约，看上去像是躲避在树林里，随时准备向敌人发动突然袭击。

游园北侧有两株大榕树，苍健遒劲，目测胸径超过一米。不知为什么没有挂上古树保护标牌。其中有一棵大树的树干上用红色油漆写着"481"，不知是何意。

游园北端是便民服务中心，建在10级台阶之上，每级台阶高0.16米，比一般的台阶要高一些。在台阶的右侧有专门的无障碍通道。通道两侧均有0.8米高的栏杆，在0.65米的高度上还加装了不锈钢扶手。这是一个考虑周到的细节，方便坐轮椅的社区居民来办事。

早晨7点半，社区服务中心还没有开门办公，在屋外走廊的长椅上有一位30多岁的女士，她手里拿着十几页外文资料不停地小声朗读。我从她身边走过，偷偷看了一眼她手里的资料，是中文和外文的对照翻译稿，我隐约看见有"三星堆"几个字。走过几步，好奇心又将我拉了回来。我走到她的身边，轻声问："老师，您是英语导游吗？"她非常惊讶地看着我说："你咋个晓得的呢？我看的是德文，不是英文。"

从游园另外一个出入口出来，往北几步有一位大姐在路边卖粽子。端午节早过了，为什么还在这里卖粽子呢？出于好奇，我又忍不住前去咨询。她解释

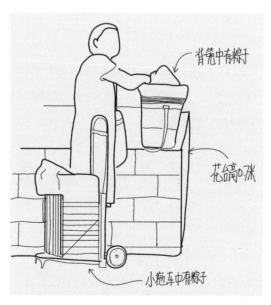

· 游园外路边粽子摊手绘示意图

说这是当早点卖,她每天早晨都会在这里卖粽子,一年到头都是这样,不分季节。粽子3元一个,有鲜肉、腊肉和豆沙味道的,平均每天可卖出一百来个。她悄悄告诉我其中的秘密:粽子做起来比较简单,保存也比较方便,有叶皮包裹着,看上去比包子馒头干净一些。

我运用街头考现学仔细观察,她为何选在这里卖粽子。

一是这里在人行道边上,这段人行道比较窄,容易引起行人关注。

二是这里恰好有个后退的空间,便于站立和放置东西。

三是这里距离公交车站非常近,上下公交车的乘客大多要路过这里。

四是旁边就是公厕,人流量大,而她也可以非常方便地上厕所。

五是她站的位置正好有花台。花台高0.7米,她可以把背篼放在上面。这样粽子刚好在手臂的位置,不用弯腰或蹲下来取粽子,省力。

时间还早,我又到游园里转。一边走一边想,城市里小型的公共空间,通过建筑的表现和场景的营造,会给人一种代入感。人们在里面漫步、驻足、锻炼、闲聊,找到各自的活动空间。在保证安全的前提下,相互之间又需要有一定的距离,有时人们渴望交流,有时人与人之间需要互不干扰的间距。这种平衡在城市公共空间设计中非常关键。相互影响,会产生不舒服的感觉;而过于私密和隐蔽的环境,会让人产生一种不安全的紧张感。从城市管理的角度讲,也容易发生治安事件。

而对主题游园的打造,又不能用力过猛,给人过于生硬的感觉。社区的小游园首要的是突出休闲功能,附带的教育功能可以自然融入环境之中,本末倒置则失去游园的趣味性和休闲特质了。

那位学德文的女士为什么一大早会来这里学习呢?这里离家一定不会太远,她比较熟悉这里的环境,知道什么地方安静、安全,既没有人打扰,也不会打扰别人。而且,还要有地方坐下来,又方便上厕所。甚至,我推测,她去上班会在旁边不远处的公交车站上车。也许有人会问我,为什么总是对厕所分析感兴趣呢?因为,我上街购物或是逛书店什么的,一定会上厕所,准确地记住厕所位置和快速地找到厕所,对我的街头考现学来讲是至关重要的一件大事。这也逼迫我慢慢成为这方面的专家了。

东升街小游园

　　每次驾车沿红星路由南往北行，总会在东升街路口打望路边游园里一派朝气蓬勃的景象，心向往之。一个周末下午，我逛完崇德里和耿家巷，还有多余的时间，便拐到期待已久的东升街。

　　游园在东升街和红星路的交会处，走一个转角处的坝子。游园分为东西两个不同的功能区。西端是一块开敞的平坝，大妈们在这里跳广场舞，孩子们相互追逐嬉戏，骑着小轮自行车转圈圈。广场周边有树木和靠背椅，大人们一边聊天一边看着在坝子上奔跑的孩子。椅子边还有汉白玉的石雕，造型是打开的书页，上面刻着法律条文。

　　这是开放型的社区小游园，没有围墙、栅栏或灌木的遮挡，自由进出。路过的人看得到里面的人在做什么，这常常会吸引他们进来坐坐看看，如同吸引

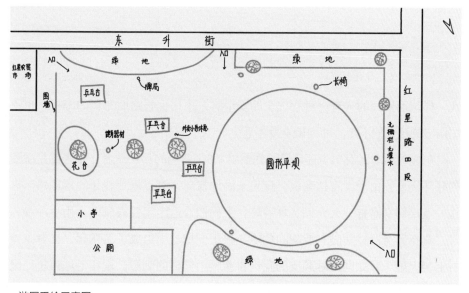

· 游园手绘示意图

· 游园里娱乐的市民

我一样。而里面的人有一种心理上的安全感，不用担心路面车辆的干扰，也不怕调皮的孩子们不小心冲到街上发生危险。

　　东侧的活动区有不少运动设施和器材。5张蓝色的乒乓球台，张张都是激烈的战斗场面。由于没有挡球板，打起来满地找球，有点满地找牙的喜剧感。靠边一点是健身器材，大人们认真锻炼，大妈们普遍比年轻人投入，用尽浑身力气，感觉健身器材随时有散架的危险。孩子们把这里当成了游乐园，在健身器材上爬上爬下，如同儿时顽皮的我，喜欢爬山攀树的刺激。现在的城市里已没有可以冒险的地方了，孩子们探险的天性只能对着健身器材释放一点。

游园东北角有公厕，24小时开放，就更增加了游园的吸引力。而旁边一家规模不小的菜市场更增添了小游园的人气。买菜的大爷大妈喜欢顺路在这里休闲。有的人买了菜，不急于回家，把透明塑料袋往花台上一放，便投入"战斗"。有的把装菜的布口袋挂在树上，像东非大草原上猎豹把捕获的羚羊藏在树上一样。保姆带着小孩在这里闲逛，一边半弯腰牵着孩子，时进时退，忽左忽右，一边和旁边另外一家的保姆交谈，炫耀和埋怨交织在一起。更有会玩的大爷大妈，从家里搬来折叠的小方桌，再配上椅子凳子，开始一整天的扑克牌大战。如果没有凳子，就直接坐在混凝土花台上。如果感觉屁股太凉，也有因地制宜的解决办法：在旁边菜市场门口捡一个废弃的白色泡沫板，垫在屁股下，起保温和减震作用。有时候，他们有椅子却不坐，偏偏要站着打牌，推测这样奇怪的举动是为了身体健康，减少颈椎和腰椎的发病概率。

　　送外卖的小哥也喜欢来这里，他们忙中偷闲，是来找地方休息的。比较有代表性的行为是这样的：将电瓶车停在某个地方，据我观察，大多数爱把车停在乒乓球台旁边，这样可以睡觉也可以观战。夏天，阳光强烈，小哥就躲在树荫下面。电瓶车用脚架支撑稳当，身体平躺在车上，头部枕在车尾部的车架上，屁股压在车座垫上，双脚自然伸展，搭在车把手上面，如同杂技演员一样，电瓶车就是带轮子的床。这大概是人类目前最小最窄的移动式单人床，体现普通人生活的智慧和因地制宜的创新精神。

玉林中横巷小游园

玉林片区充满浓郁的生活气息，在众多生活配套设施中，街头小游园是一大亮点。相对于古城区域的东升街，虽然玉林街道要年轻许多，但现在它已成为成都老街区改造的样板。这种自下而上形成，再自上而下改变的片区演进过程，充满趣味性。

在玉林横街的西头，紧挨菜市场的地方有一处小游园。准确位置应该是玉林西街和玉林中横巷交会的路口。两条街和玉林综合市场形成了一个合围的矩形区域。

游园四周有混凝土长凳，产生边界感。游园四方虽然都可以自由出入，但还是在北面特意设计了一道牌坊造型的小门，让这里看上去更像是一个正规的游园。园内间种小叶榕，树木成荫，形成天然的绿色屋顶。六张混凝土方桌，分成两排，布置在游园靠西的位置。每一张方桌搭配四个混凝土独凳。每天都有不少老人早早来这里打牌，每一处牌局都有人围观。打牌的人和看牌的人之间形成一种依存关系，有人围观，打牌更加起劲了。牌打得精彩，围观也就更有乐趣了。这壮观的景象会持续一整天。

小游园不仅仅是老人的天地，小朋友也爱在这儿玩耍，骑着儿童小自行车在树下转圈圈，时不时停在牌桌旁和老人交谈。而老人总是反反复复地提醒，不要到处乱跑哈，转过头，啪的一声，潇洒地丢出一张好牌。东侧是一排健身器材，在孩子们看来这都是游乐园里的免费玩具。他们和大人们错峰使用，见缝插针地让器材的作用得到创造性发挥。

为什么这里的游园有如此高的人气呢？

首先是交通的优势。这里是玉林中横街、玉林下横街、玉林西街和玉林西街后巷的交会处，经过这里的行人非常多。但是，交通优势并不是最直接和最根本的原因，我们可以看到不少位于城市街道重要节点位置的小游园并没有人气。

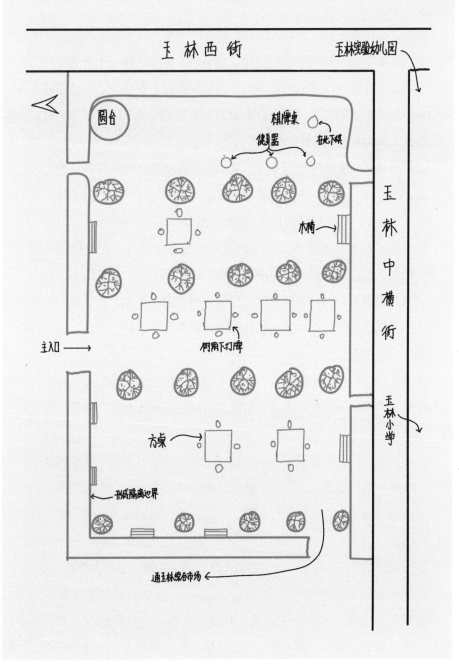

· 玉林中横巷小游园手绘示意图

其次，旁边的玉林综合市场带来更高的人气。每天来这里买菜的居民是游园的常客。将家务事和日常休闲结合在一起，高效率安排时间，是成都人聪明的地方。

再次，旁边有玉林实验幼儿园和玉林小学，接送孩子的家长需要一个等待的地方，以及带孩子顺路转转的空间。小游园提供了这样一个恰到好处的公共空间。而依附在游园周围的小摊小贩，比如卖水果、卖小吃、卖鲜花的业态，又给游园增添更多的内容。而小商小贩们有敏锐的嗅觉，能够精准定位目标客户，调整商品构成，选择最佳位置。

这里周边是高密度的老旧小区，老人在居民中的占比非常高。他们行动大多不太方便，体力有限，不太愿意走远路赶车四处游玩。家门口的休闲之地是他们的最佳选择，从某种程度上讲，这似乎是唯一现实的选择。

低成本，甚至是无成本是这里的优势和核心竞争力。在茶楼或茶铺喝茶是要花钱的，但在这里喝茶几乎没有花费。选一张桌子，四人围坐，都自带水杯。50步之内就有公厕，非常方便。夏天有树荫遮挡阳光，冬天是一个避风的港湾，大家挤在一起其乐融融。也许昨天打牌发生了争执，今天又聚在一起有说有笑，一笑泯恩仇。

玉林一带有特色的小游园不少，除了玉林中横街的小游园外，还有一个叫福苑广场的小园。两处相距不远，可以步行前往。相比而言，福苑广场文雅安静一些。

玉林四巷往南，在社区服务中心处转了一个大弯，道路尽头靠西的一片空地就是福苑广场。这是一个开放的休闲公共空间，呈现一个大致的矩形，东西长30步，南北是38步。周边花台包围，形成边界，四周各有一个开口，提供出入的方便。

游园视野很好，中间平坝里有四棵不算大的银杏树，看上去整齐有序。

北侧，靠近玉林北路警务室有座六角木亭，里面有两位七十来岁的大爷下着传统中国象棋，六人低头围观。其中一人道："只看得到一步，咋不输嘛！"下棋的那位输家一脸不屑，一边将棋子码在棋盘上，一边抬头说："来嘛，你来嘛。"观者转身离去，丢出一句"算啰算啰，输啰输啰"。随即，又来到小亭西侧十步开外的另外一处继续围观。这里已有七人观战，加上他就是八大金刚的格局了。这八大金刚都低着头，专注投入。大家也不客气，不时有手从人群里伸过来，指点江山。下棋人偶尔会抬头来一句："要球不得，要遭起。"因为棋局紧靠社区的宣传栏，大家紧贴宣传栏形成一个半包围。我无法靠近，就绕道宣传栏背后，双手举起手机，高过宣传栏，镜头朝下，俯拍下棋观棋的一堆人。

西南角有两人，一人坐椅子，一人坐轮椅，有一句无一句地闲聊。东侧小树下也有两人，一男一女，七十出头，头发花白。他们坐在一张椅子上看报，并无交谈，神情自若，这可能是一对老夫妻，一辈子该说的话大约都说完了，每天来这里享受岁月静好。在他们北侧不远处是一位孤独的老太婆，身材瘦小，坐在椅子上打瞌睡。她每隔一会儿睁开眼睛四处打量一下，又闭上眼睛睡觉。有麻雀在她脚边跳来跳去，找寻地上的食物。在东南角有三张长椅挨在一起，六位大妈两人一组坐得满满当当，像是召开什么重要会议。她们在热火朝天地聊天，从市场这几天的菜价，说到儿女的琐事。广场出入口东侧有两辆小汽车停在路边，一侧的轮子骑在路缘石上，想必驾驶员想留出尽量多的路面，方便过往的车辆。

停车的这条路是玉林四巷，巷子东侧是小区围墙。围墙上是一个大大的涂鸦。就在这涂鸦下是五六张藤椅，几位七八十岁的老人像幼儿园的小朋友一样排排坐，在午后的阳光下打瞌睡。每次路过这里，都会看见不少老人聚在一起，估计是这里有几株大树，比起游园更加凉爽一些。这树下的老人好像都不怎么说话，安安静静的一片，我第一次来时还有些诧异，因为这些老人全都盯着我，目不转睛，一言不发。在他们看来，我去观看街对面的小游园，并参与游园的活动会更加现实一些。而他们，守在树下这一小块未曾改变、最为熟悉的地方，终老一生足矣。

玉林街区的游园打造注重配套功能的完善。福苑广场旁边有功能完善的社区服务中心。附近的居民来这里办事，顺便就可以在游园里坐坐。在这里遇见老街坊的概率非常大，这让游园成为社区老人重要的公共交往空间。现代社会里，除了网上的交流，面对面近距离谈天说地更有一种亲切感。

·小游园成为居民日常交往的首选空间   ·玉林四巷街边老人

在此之前，我出版了几本有关成都的书，但其中涉及玉林片区的内容不多。在这本书里，玉林成为研究和写作的重点。玉林小街区小尺度的设计风格对未来城市的规划有重要的借鉴意义。完善的生活配套让15分钟生活圈的构思在玉林片区能够轻松实现，老年人在玉林能够愉快地生活，购物和社交甚为方便。而近几年持续有效的社区改造和街巷整治，让玉林充满青春的活力。年轻人和老年人在同一街区和谐相处，这是城市中美好而感人的图景。以小游园为代表的公共空间，遍布玉林各处，规模不大，投资不多，却深受居民喜爱。这对未来的公园城市建设应该有一些借鉴的价值吧。

南浦中路卧龙园

卧龙园离武侯祠不远，所以打造为三国主题游园。

卧龙园的南侧是倒桑树街，西侧是倒桑树街106号大院的围墙。游园是一个边长65步的正方形。从北侧入口进去，看见地上有几个大石缸，我不知它真正的用途，因为里面有花草生长，就叫它花盆罢了。这些石头花盆上刻着中国古代兵法三十六计，离入口最近的花盆上刻的是苦肉计，上面有两个古代装扮

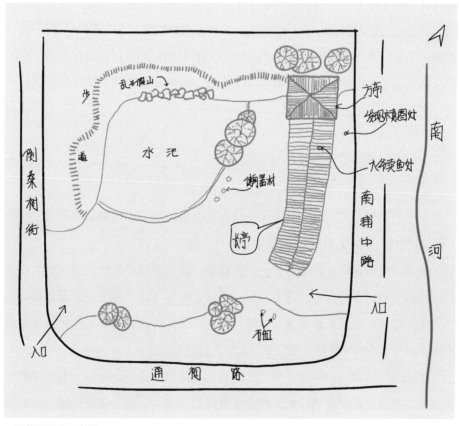

· 卧龙园手绘示意图

的男子，正在商量什么事情。这样的园林小品大概是想表现诸葛亮的足智多谋吧，不过雕刻比较粗糙，主题也似乎不太明确。其实，像计谋这样的主题，很难用一幅画或单幅石刻来表达，因为它有一个事件发展的时间顺序和前后逻辑关系，适合组图表达。

我是按逆时针方向逛的，也就是进来后从右手方向开始寻访。右边是一个木质的长廊，廊柱上是有关廉政的楹联。长廊里有不少老年人坐在通道两侧的长椅上，除了玩手机、发呆和不停摇扇子的外，还有四位打牌的老人。两个坐在长椅上，像骑马一样面对面，两侧还有两位老人坐在自己随身携带的小折叠椅上，也是面对面，一个在长廊里面，一个在长廊外面。玩法是成都民间经久不衰的"跑得快"。

长廊中段有一位卖鱼的老人，手推四轮平板车上是一个一个充气的透明塑料袋，袋子里有密密麻麻的小鱼在水里游动。这让我有点吃惊，这里不是市场，谁会在这里买鱼啊？老人告诉我，买鱼的人多得很。这里离363医院不远，中间只隔了一个倒桑树街106号大院，看病的人和他们的家属常常在这里休息和商量病情，买鱼放生，大概有祈求尽快康复、一生健康的意思吧。长廊的尽头是一个方亭，叫卧龙亭，牌匾上有一行小字：

武侯区园林绿化工程队重建于2018年11月

亭子里面有石凳石桌，三个男子坐在里面说着我听不懂的话，石桌上放着一张CT胶片，纸袋上有363医院的字样。

出方亭继续逆时针行走就是一段上坡路，这是游园小山的山顶，沿着山脊是一路的红砂岩石板步道。途中，见一石碑，上刻《诫外生书》，是诸葛亮写给外甥庞涣的。庞涣是诸葛亮二姐的孩子，诸葛亮在这封信中，教导他该如何立志、修身、成材。庞涣后来官至郡太守，算是成材了。

下山道的左侧是一小块水塘，水中有红色的锦鲤游动，随着它们游动和浮出水面，水面泛起细小的波纹。水边立有《诫子书》，这是诸葛亮临终前写给儿子诸葛瞻的一封家书。文章阐述修身养性、治学做人的道理。

水岸边有一组健身器材，一位大爷面朝水池，在器材上前后晃动，这是运动中的休闲。大爷的身后是一片竹林，将通祠路的喧嚣隔开。我到处寻找游园的布局示意图，好不容易在北侧靠近南浦中路的草丛里边找到一块不引人注意的圆形石块，上面刻有卧龙园的示意图。我扒开草丛，将示意图上的落叶拿开，埋头仔细研究起来。图中标注了卧龙岗、花间桃园、剑门蜀道、半月溪、不高山、亭中对弈、风雨连廊、香叶林中和三十六计石缸的位置。可以看得出来，园林的设计师当初非常用心地将三国故事和园林景观融为一体，同时强化廉政建设的主题。而对于普通人来讲，他们看重的是方便与舒适，有一个可以休息与交流的公共空间。如何打发每天无聊的时光，是一些成都人闲暇生活中的大事。

小店

房地产开发商偏爱在城市大街建设大体量的商业综合体，我称之为"大店"。这些大店，以大尺度的建筑空间，在展现豪气的同时，给行人和顾客居高临下的压迫感。同时，其"一稿通吃"的设计思路，让不同城市、不同区域的建筑风貌同质化趋势明显。我偏爱城市小街小巷里低调的小店，丰富多样的商品，个性化的服务和空间的差异性，让一座城市看上去更加日常而真实，人情美美、千姿百态、富有格调。

书院西街胡哥理发店

　　成都，一座积淀数千年的历史文化名城，曾经拥有不少书院，我所知的，名字与书院相关的街道至少五条。

　　北书院街位于方正街以北、莹华寺街以南，这里有成都最密集的街头小茶铺。书院东街靠近古代成都东城墙，以前，街头有一座娘娘庙，因此曾叫娘娘庙街。书院西街南起书院南街，往北延伸，与惜字宫南街构成一个"Y"字形。书院南街在大慈寺路北侧，与书院西街、书院东街相交。而书院正街在1964年修建红星路二段时，并入了红星路。书院正街曾经有个霸道的名字，叫"王道正街"。

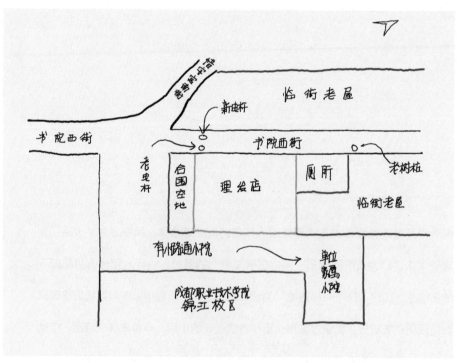

·胡哥理发店位置手绘示意图

时间流逝，岁月沧桑，还残存老成都味道的书院街，除了北书院街，就只剩下书院西街了。在这条街上，算得上是老店的只有南头那家理发店。

在我的记忆里，它一直都在这里，一直都是理发店。原来我家住爵版街，离这里很近。在成都二中读书期间，也常常来这家店旁边的三十四中玩耍。二中排球队和三十四中排球队经常一起打比赛。几十年的时间里，成都许多影剧院、大商场、大企业都变了模样，或销声匿迹，但这家小店却一直坚守路边。老板说，这几十年，他理发都"理死"好几十人了。这意思是说，这么多年的光阴，他都眼见好多老顾客离去，但店子居然还一直开着，他自己都觉得是个奇迹。成都人把理发叫"剪脑壳"，这会让外地朋友多少有一些紧张，形象生动的用语中带一丝杀气。

过去，门口常常有一条大狗。因为怕狗咬人，我就一直没有进去剪过脑壳。有时屋檐下的竹竿上会挂着几个鸟笼，洗掉色的蓝布罩子罩在鸟笼上，风吹过，有不易察觉的轻微晃动。门口有一根沧桑的电线杆子，上面高高挂着一盏路灯，白色的搪瓷罩子下是一盏发散温暖黄光的白炽灯，等待夜归的居民。不知何时，木杆子换成了水泥电杆，不，准确讲是混凝土杆子。但老杆子还在原地顽强矗立，无声地坚守。

书院西街不宽，大约5步。也不长，最多百十来米。理发店不大，门面大约只有4步宽，北侧后来又扩了一间屋子，再往北就是公厕了。房子是一楼一底的老式木结构，小青瓦坡屋顶，但不是传统穿斗样式，而是最为简单的一柱到顶式。靠南还有一小块空地，有时种花，有时种菜。现在用砖墙围了起来，不知里面种的什么。旁边是三十四中，原来校门不大，挨着这块小绿地。现在，校门扩大了一倍以上，有一半校门在绿地围墙的后面。据说，校门南侧有一个茶铺，叫娘娘茶铺，因为不远处有娘娘庙。

理发店最醒目的是旋转的霓虹灯，像小孩子手中的玩具风车。门口"老胡理发店"的大招牌是这几年才挂上去的，红底黄字，非常醒目，但失掉了几分古意。招牌上有"掏耳修面"四字，字不大，在右下角。门边有一株金桂，叶子稀稀拉拉。旁边的仙人掌长势喜人，个头比围墙还高。仙人掌下有一个半圆形的红砂石缸，旁边扫地的师傅说这缸子至少有150年的历史了。民间龙门阵多

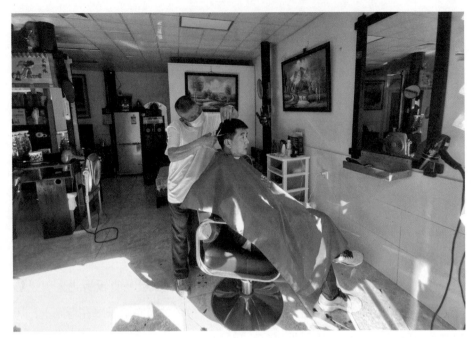

· 专程来书院西街理发

含夸大成分，以助谈资。

　　我走进理发室，坐在进门的一张黑色面料的转椅上。看着镜子里的自己，仔细感受老胡剪头的手法。他动作轻快熟练，用推子的时候不多，基本上是用剪子，像是农民在田间割草，更像是园艺师傅修剪草坪和灌木。剪完头，师傅没有让我起身洗头的意思。不洗头，就用电吹风将头发吹干净，再在颈部沿扎口吹一圈，就算完工了。男宾15元理一次，不含洗头，估计是小店上下水的问题不好解决。客人大多是附近住户，理完发回家自己洗吧。

　　剪头的全过程，胡师傅的手和我的嘴都没有闲着，我剪头的目的就是为了解情况。

　　胡哥在这里开店50年了，一家人也住在这里。一般是早晨八点开门，一直到晚上十一二点关门。其实，也不严格遵守开门和关门时间，有人来就剪，没有人来就休息，反正家就是店。有时，一大早就有人敲门理发，理完发，精神抖擞，好去上班。

·与中学生一起考察小街小店

　　对他来讲，业余爱好就是养狗养鸟。养狗的花费要大一些，这些年买狗都花了一万多元。原来有一条德国牧羊犬，非常聪明听话，可以自己到菜市场去买心舌和肺片。后来，这只狗被人偷走了，胡哥伤心了好长时间。

　　理完发的我，继续在小店里转悠，仔细观察房屋内部结构。碗口粗的木柱支撑着房屋，在每根木柱的旁边又有一根钢柱起到房屋加固的作用，看上去室内是双柱式的支撑结构，有些奇特的艺术感。一把伴随他几十年的上海牌推子就挂在木柱子上，这像是艺术的实物展览。在另外一根木柱上挂着装理发用具的皮套，有点像是手枪的枪套。他从里面拿出来三把修面的小剃刀对我说："看嘛，还是乐山的刀子钢火最好，一直用了这么多年，舍不得丢。"

　　胡哥给我理发，15元钱。回家后，老婆评价这头理得好一般。她当然不明白这发型里面蕴含的历史与文化。这是传承了50年的发型，有许多故事和秘密。

东城根下街大碗面店

东城根下街和红墙巷交会处，有家名气不小的面馆，名字叫"大碗面"。

面馆门面以45度的斜角面朝大街，也就是正对路口的方向。入口立面距离转角路缘石的圆弧顶有7步的距离，相对比较宽敞。北侧是一家叫鑫旺美广告的美工店，门牌号是东城根下街65号，它和大碗面店并排正对路口。它们前方不远处是东城根下街下穿隧道张着的大嘴巴。店面和人行道地面有三级台阶的高差，这对店铺来讲本是不利因素，因为顾客要费一点力气走上台阶。但这似乎对大碗面的生意没有丝毫的影响，时常可以看到人们扶老携幼进店吃面的感人场面。

再往北是一家中国青年旅行社，店面与东城根下街平行，人行道的宽度只有3步，相对比较窄，但这也未曾阻挡过往路人前行的步伐。

大碗面店铺有8步宽，进深7步，在这样一个室内空间里一共摆放了12张长

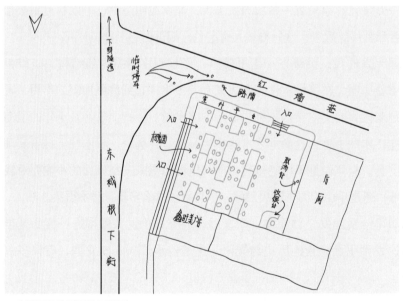

· 大碗面店位置手绘示意图

条桌。三排，每排四张桌子。这样的布局显得有些拥挤，如果要去靠里的空位就座，靠外面的食客要放下手中的筷子起身让你侧身进去。这场面看上去是一派彬彬有礼的场景，不断有人起立又坐下，给素不相识的食客行注目礼。

我拿出口袋里的卷尺悄悄测量，桌子的长度为1.1米，宽度为0.6米。我有餐桌设计与尺寸控制的经验。如果桌面宽度小于0.6米，面对面坐着吃饭，就会感觉非常不舒服。但是，桌面太宽，又会更加拥挤。如果减少桌数，就会影响老板的生意。0.6米的宽度是一个平衡点，是综合各种因素的最佳选择。而一般单位食堂，大多会用0.7米宽的餐桌。

收银台在进门右侧角落，一位中年大哥用微信二维码收银，收钱后会发给食客几个小塑料牌，上面写着面食的品类和两数，"一海"就是一两海味面的意思。大哥声音洪亮，发音清晰。他一边发牌，一边向厨房间喊道：二素两个，少辣，不要葱。这意思就是要厨房煮两碗二两的素椒炸酱面，辣椒少放一点，不加葱花。

素椒炸酱面是我的最爱，小份9元，相当于一两。中份相当于二两，12元一碗。三两就是大份了，15元。我一般是吃一两素椒炸酱面和一两海味面（10元），一共19元，比吃二两炸酱面要贵7元，但获得感和幸福指数大不一样。面店道法自然，夏天面里加豇豆，到了冬天则换成青菜，不过，在我的印象里，大部分时间来这里吃面，碗底都是豇豆，有点偏生。

顾客自己找空座位坐下，将大哥给的各色塑料牌子摊开放在桌上。不一会儿，服务员就会将面碗用不锈钢托盘端到你的桌上，准确无误地快速收走所对应的塑料牌。这个过程有些神奇，我一直没有搞明白，服务员是咋个晓得谁要的是什么面，他又是坐在哪里的呢？

桌子上大瓶中是800毫升的中坝陈醋，中华老字号"清香园"。醋瓶旁边还有一小瓶食用盐和一包开了口的纸巾。木筷子放在不锈钢筷笼里，像花瓶里面插放的干枯树枝。

你可以先到厨房窗口用一个大号不锈钢汤勺，伸长手臂穿过窗户去舀里面的面汤。不知店家是出于何种考虑，采用这样隐蔽的打汤方式，这有一定的技术难度，同时需要较强的小臂和手腕力量，年轻女孩操作不易。

· 在屋外平台埋头吃面是街头的一道风景

　　屋外靠红墙巷一侧有外廊，这是一个把原来的梯步填平改造而来的转角平台。平台宽度是3步，长11步，边沿处有0.45米高、0.3米宽的长条木桌面，这是客人埋头吃面的地方。还有5张折叠方桌，是人多时用来摆在人行道上的。店里一共配置了30个小圆凳供坐在店外的客人使用。折叠木板方桌长、宽均为0.55米，比较轻便，适合"游击战"。同时，折起来占地小，容易收捡堆放。

　　说实话，对于我来讲，在屋外平台和人行道上吃面更舒适。除开盛夏时节，我都会首选这里用餐。汽车就停在路边，如果见有警察过来开罚单，立马丢下碗筷把车子开走。一般情况下，警察不会斤斤计较。他们也可能曾经在这里与你肩并肩吃过杂酱面。

　　此外，一边吃面一边街头打望，让简单的吃面产生了增值的感觉，而对于从事街头考现研究的人来讲，这样的吃面方式还具有无法替代的学术价值。街道设计者也许不会想到，他们原本设计用于通行的街道，有一天会被勤劳智慧的成都人用于吃面、喝茶、打牌。也许，一个城市的气质和风格就是这样慢慢堆积，悄悄展现出来，形成一种叫"民俗"的文化现象。

井巷子 % 咖啡馆

　　井巷子也是一条老街，宽窄巷子改造成旅游景点后，井巷子依旧含蓄低调。对于本地朋友和深度游的游人，我推荐宽窄巷子旁边的井巷子。

　　井巷子一侧是店铺，一侧是围墙，相比熙熙攘攘的宽窄巷子，这里总保持安静的状态。一般的外地游客是不会来这里的，我喜欢井巷子围墙上的成都老墙砖，有不少是难得一见的资格老古董，这才是宽窄巷子景区值得看的东西。

· 阳光下的井巷子%咖啡馆

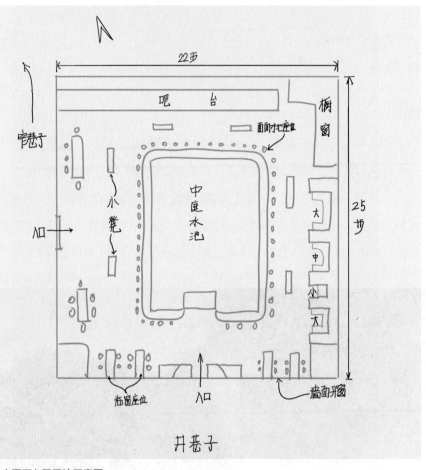

图中文字（手绘示意图）：

22步

吧台

橱窗

窄巷子

面向吧台座位

小凳

入口

中庭水池

大中小大

临窗座位

入口

墙面开窗

25步

井巷子

· 咖啡店平面布局手绘示意图

井巷子一侧是店铺，其实，也不是严格意义上的商铺，而是一个挨着一个的院子，以及一长排老旧的多层砖混居民楼。院子是那种对外营业的独立小院，每家具体做什么生意，我没太留意，感觉特色不够鲜明。不过，有一家例外。

在井巷子中段，小广场边上有一家咖啡馆叫%，不知道这名字到底是什么意思，感觉像是计算分析还没有完成，等待最后的百分比数据。推测，老板大学读的估计是数学系。

咖啡馆占据转角的好位置，视野开阔，建筑文雅大气，既古朴又洋气，很像这座城市的气质。

这家店原本是座一进宅院，由正房和抄手式的厢房构成。我假装散步的样子先在外面进行了简单的测量。咖啡馆靠巷子一边长为22步，靠广场一侧长25步。院子的南侧和西侧各有一处入口，均有传统的木构门头，南侧的门开在井巷子上，相对而言要高大一些，应该是正门。这栋建筑保留青砖黛瓦的古朴样式，典雅稳重，充满自信。设计师在外墙墙面增加了几处开口，加装落地大玻璃，这让建筑显得更加通透轻盈。

从外面往里看，是一处景观：美女在里面悠闲聊天，装扮时髦、面容姣好，喝咖啡的姿势相当优雅，一杯咖啡永远也喝不完。而从里面往外看，是来往的路人和往里打望的专注眼神。里面的人和外面的人少不了目光对视的瞬

·店内小景

间，美女的眼神里有一种矜持和骄傲，路人的眼光充满好奇与迟疑。他们一定在想：这是一个什么地方啊，要不要也进去看看稀奇？我第一次路过这里，不知为何，脑海里浮现出小时候参观成都动物园熊猫馆的场景。

进门，正前方对着一个水池子，方方正正。有点像是游泳时从更衣室出来，一步步走向游泳池的样子。这是原来四合院合围的中庭。如今灌满0.15米深的浅水，就变成了一个水池。池底铺满白色的石头，隐隐约约中透出日本庭院的美学趣味。水塘入口有白色警戒线，不让客人进入水池，毕竟，这不是游泳池。

我又开始丈量了，心里默默计数。室内空间长大约20步，宽18步。但是，因为中庭不能供客人使用，而主屋的大部分已被工作区占据，所以有效的营业空间只剩下四边合围状的通道。怎么办呢？来看看设计师的手艺吧。

要不要先买杯咖啡，装装样子呢？我四下察看，并没有巡场的服务员，那就干脆大胆一些，从口袋里掏出袖珍卷尺，测量起来。

先从咖啡馆南侧开始。

南侧有窗，这是设计师重点利用的区域。窗边白色小长条桌只有0.4米的宽度，搭配四张0.48米高的凳子。这是欣赏街景的好地方。因为有自然光从透明玻璃窗照射进来，有经验的摄影师喜欢在这里拍摄美女临窗眺望的侧影。

整个测量过程，我都不慌不忙。因为我知道，这里的顾客会把我当成店里的维修小工。没有人会关注我，因为这里吸引客人的东西太多。

东侧是另外一种设计风格。靠墙一排有大小不一的小房间，有隔墙无门窗，有点小雅间的味道。这样式应该叫格子间更恰当一些，是较为私密的区域，可以说一些悄悄话，谈一些小生意。格子间表面为白色手工面砖，不太规整的表面散发着朴拙自然的质感，传统手工艺和有历史感的老屋内饰搭配正好。在这室内，好像漫步成都街头时偶遇路边小店，增加了街巷般的视觉体验。

咖啡馆的北侧是原来的正房位置，最为开敞，长条吧台依旧是白色，占据了这一侧主要的区域。吧台内侧是忙忙碌碌的工作人员，外侧是静静排队的客人。排队的客人不慌不忙，个个低着头，悠悠闲闲地玩着手机。临近吧台，用手里的手机屏幕对着收银机的小圆洞晃一下，嘀的一声，转身离去，找个空位置坐下，继续玩手机，等待咖啡慢慢制作。咖啡机发出急促的声音，空气中弥漫着阵阵咖啡香气，必有一缕是属于你的。

西侧的设计风格又有一些变化。增加了长条桌，搭配了吊灯，我第一眼感觉，这是专门为赶作业的学生们准备的课桌椅。

再回到中庭水池来看看。

阳光照射在水面，水里的白石子显得更白更亮。四面合围的玻璃让中庭看上去像是水晶球里的童话世界。紧靠着玻璃，除开朝南一侧对大门，其他三面都是首尾相连的白色条桌，构成一个开口向南的U字。这个细节显现出设计师因地制宜利用空间的高超水平。

我用卷尺仔细测量眼前这张环水的U形长条桌。高0.9米，宽0.5米。搭配的凳子也非常小，高0.65米，椅面长边只有0.37米。相邻两张椅子之间距离为0.6米。10步的单边长度，布置有11个这样的椅子。脚下靠玻璃位置有0.18米高的不锈钢踏脚，让双脚不至于在桌子下面乱蹬。这样的细节考虑，让我对不知姓名的设计师多了一份敬意。

我坐在桌旁细细感受，表面看上去像是维修工人遇到了技术难题。这里真是自由的天地啊，自始至终都没有服务员来问我要喝些什么。也许，他们误以为我是数学系老板喊过来帮忙的小工。

这样的桌面看上去比一般的桌面窄不少，但实际上，放水杯和手机，空间绰绰有余，即便是使用手提电脑也没有什么大问题。椅子之间相距这样近，人坐上去好像并不感觉拥挤。这是相当神奇的距离把控，每个人左右两侧实际只有0.3米的活动空间。我观察坐在这里的顾客，只要体形不是太胖，身体不左右倾斜晃动，相互之间是不会产生干扰的，也不会有不适的尴尬感觉。而桌下的踏脚横杆刚好让脚有非常舒服的放置。你的脚到处找受力点，最舒服的位置正好就在踏脚横杆处，它一直在老地方等你。脚下舒服了，人自然就会安静下来。设计师熟悉人体工程学的基本常识，对空间尺度与人体活动距离有把控能力。

喝咖啡的人面对水池坐着，这样，目光就有了一个"落脚"的地方。可以看到水池对面同样面对中庭闲坐的美女或帅哥。虽然眼睛要穿过眼前和远处两层玻璃，以及中间这一片水域，但这样的空间距离，对面的五官依旧清晰，相互看得见表情。只有此时，你会禁不住由衷赞叹设计师的巧思与创意。看样子，他一定懂得顾客的心理。

围绕水面，面对玻璃围坐的客人，在中庭四周彼此间形成了一种远亲不如近邻的亲近关系，仿佛达成了一种共识，这共识就是大家都聚焦眼前的一池清水。而水面又带给人恰到好处的距离感，这距离产生安全感与舒适性。从容不迫间，看到与被看到的特殊体验，增强了公共空间的趣味性，满足了内心对社交的渴望。

但是，这样的布局会导致一个不利的状况，那就是有效空间被分割为条状或是线形，没有大面积的块状聚集区。我们再来看看设计师是如何巧妙解决这一设计难题的。

设计师把水池四周的线性空间干脆看成一条环形的室内街道。内部空间就沿道路两侧展开。青砖砌筑的座凳散布在道路两旁，供人随时停下脚步休息，如同街边常见的椅子。坐凳高0.38米，宽0.4米。我看见有三个年轻女子坐在这路边长条凳上，面朝街道，背对水池。其中一位女孩不断起身给另外两位拍照。她们距离我坐的位置非常近，但相互之间并没有形成干扰。因为，我坐在水池边的椅子上，位置要高于她们坐着的路边长凳，她们没有挡住我的视线，我也可以非常自由、舒适地看街道和四周的景象。一个小女孩沿这条室内道路来回走动，一手拿玩具，一手拿小杯，走到我的面前，问我喜欢玩具还是想喝冰咖啡。这一刻，让我有一种久违的亲切感，小时候在住家的院子里或是街头闲逛时，才会有这样的情况，与素不相识的孩子不知什么原因就搭上了话，成为好朋友。空间给人的引导和暗示作用是巨大的。

为了让空间感觉更加敞亮，室内主色调选用了白色。柱子原来表面的深色油漆被全部打磨掉，呈现原木本色和自然的质感。用金属构件对木结构进行局部加固，而不锈钢部件小心翼翼的使用，增添了一些时尚的气息。穿插的青砖用特有灰色提醒客人，这是在老成都的少城区域，不断强化怀旧的情绪。

咖啡馆的风格和细节处理，让我推测设计师应该是日本人，或是在日本学过设计的人。后来，我在网上无意间看到一个介绍，说咖啡馆的设计师居然是日本人青山周平。他在中国待了许多年，本来一直默默无闻，后来参加了电视台一个全国性的设计活动，渐渐有了一点名气。这个店是他在成都的代表作。设计师希望通过空间的设计，让人和自然环境、文化、生活之间产生联系。生活中美丽的事物背后一定是有逻辑关系的，设计师的任务就是揭示和运用这些关系。我后来还专门去看了他在成都的建筑设计个展，都是些精巧的作品。

井巷子这家咖啡店，在我眼里是城市街头空间改造的一个典范，在保留老成都历史风味的同时融入现代时尚的元素。在过去和未来之间寻找一种平衡，让我们在任何时候，记得住过去的故事，又可以畅想更好的未来。

玉林三巷一介咖啡馆

走进这家咖啡馆，我的第一感觉是，设计师有一种日本人特有的细腻。

第一次来这里是2021年，给来自全国各地的建筑设计师们讲解成都历史文化，这是成都大草坪设计系列活动的一部分。那天上午，一直在下雨，我们先去了望江楼公园，然后才水淋淋地来到玉林的一介咖啡馆。

这家店在玉林三巷中段丁字路口，背靠玉林东路社区委员会的办公地点。占地面积不大，设计却十分精巧。转角处有一个内凹的区域，长宽不到3步，刚好放一张牌桌，社区的老人爱在这里下棋。我先是在网上看到过在这里拍的一张照片，然后注意起这家店。社区的居民能够如此自然地融入建筑之中，其在建筑空间里呈现的状态也正好是设计师所期待的场景。

临玉林三巷一侧有一排长条木凳，宽0.49米，高0.56米，我坐上去稍微有一点高，脚有些悬空的感觉。进入店里，通道靠墙一侧有一排水平的木板，上面放着些书籍和杯子。离地0.94米高的板面下有一根长长的木质扶手，水平方向固定在墙面。扶手横截面是圆形的，中心位置离地高度为0.84米，也就是说，扶手和木板之间的距离是0.1米。这应该是便于老年人和残疾人行走的扶手，在实用功能之外，原木色表面的木纹质感和精巧的造型，有一种美学意义上的装饰作用。小店通道本来就不宽，由于悬挑木板占据0.3米的通道宽度，所以靠通道另外一侧摆放的家具尺寸只能尽量小一些。小圆桌直径只有0.5米，这样保证有不小于1.1米的通道宽度。咖啡馆和社区办公室之间有一道小门。小门另外一侧的墙面木板只有1.4米的长度，设计师把它变成了一个漂亮的弧形，如同人的上下眼帘，这让墙上的木板造型更加生动活泼。这一侧的通道宽了一些，设计师摆放了0.7米宽的正方形小桌，搭配0.3米宽的小方凳。

咖啡馆两个端头都向街面方向凸出，一边端头空间为咖啡操作区和吧台，另外一边的端头则是小型活动空间，也可以做些有关布展或美工方面的事情，

· 咖啡店与道路的空间关系

· 咖啡店的转角设计

· 与王笛老师在咖啡店小憩

有点工作室的忙碌气氛。北侧端头的玻璃门外有一个类似舞台的造型，金属构架斜支撑白色雨棚，不是我们常见的自行车棚，或是老小区雨棚的简单搭建。这样在满足使用功能的同时，增加一种简洁现代的美感。舞台朝北是一块空坝，社区的一些较大规模的室外活动可以在这里举行。

2019年建成的一介社区残障友好空间获得日本优良设计大奖GOOD DESIGN AWARD奖，设计师也入选2021成都市城乡社区发展治理十佳社区规划师。设计师名叫张唐，成都姑娘，曾经留学日本学习建筑设计，毕业后回到成都开启自己的事业。

设计师认为,人与城市空间的互动与成长,永远不会沿着既定的轨道匀速前行。这是一个城市生生不息的活力,更是城市中人与生活的延续、更迭和进步。现在做的社区改造其实就是城市更新的一部分,而城市更新就很像植物,花开后便面临枯萎,如果枯萎,它可能要过很久才能等到下一次绽放。建筑物和植物一样具有生命性,设计师每一次改造建筑物都必须全力以赴,用心去做,既要考虑到改造建筑以后普通人的生活,又要考虑新的建筑物是否与周围的环境相融合。简单来说,建筑应该要以人为本。

城市街头空间要关注城市的弱势群体,城市不仅仅是年轻人的城市,也是老年人的城市。每个人都会变老,我们在关注老年人的时候,也是在关注我们自己。一个伟大的城市,一定是适合所有市民的,安居乐业是城市规划和城市建设的本质追求。一介的价值在于它传递和呈现了这一思想,看似平常,实则不易。

我和王笛老师冒雨来到一介,又聊起成都历史研究的话题。王笛老师侧重于街巷微观历史,我近来是在街头空间与日常生活这个细分领域用力。我们都喜欢从小处着眼,来思考和分析这座城市。能在一介这个小空间相遇闲聊,不正好说明街头小空间对于日常生活的意义吗?请咖啡店工作人员拍下这张照片,留下一段美好的记忆。

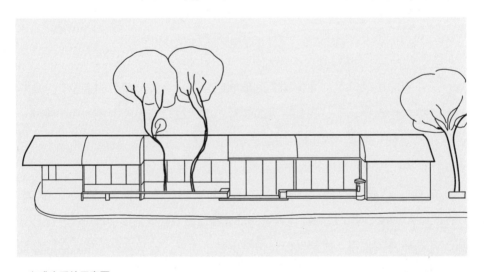

· 咖啡店手绘示意图

一环路李家沱加油站咖啡店

经常去北门一个叫李家沱的地方加油，不知道加油站的准确名字，具体地点就在一环路和三友路交会的路口。

有一天突然发现最里面那台加油机不远处开了一家咖啡馆。开始还不太注意，以为不过是加油站旁那家快餐店拓展的饮品区罢了。到加油站小超市里买东西才发现，咖啡店和快餐店是分开的，一个在超市的左边，一个在超市的右边。

咖啡店小巧精致，海蓝色基调的装修风格带一点地中海风格的文艺气息。蓝色的招牌上是白色的英文：JUBO COFFEE。白色的徽记也是蓝底，看上去像是胖子伸出的大拇指。两扇上推折叠金属框窗，窗下就是吧台，也是操作台，

· 咖啡店手绘示意图

· 咖啡店内外空间关系

也是售卖台。店员在里面，顾客在外面，看得见店员制作咖啡的全过程。店里充满设计感，设计师充分利用有限的空间，家具小巧实用。

屋外的一块区域由蓝色的锥形桶围成矩形，用来供顾客临时停放自行车和电瓶车。显眼位置放置三块人字形海报牌子，一块是挂耳咖啡，原价35元，会员价25元。另一块牌子是椰蓉脆拿铁咖啡，原价29元，会员价22.9元。还有一块上写着：购任意咖饮，单杯搭售会员专享价9.9元。

悬垂式小方灯箱挂在窗边，夜晚时比较醒目。灯箱下有四把折叠椅，白色布面。两张椅子面对面放置，中间配塑料折叠箱当桌子用。客人大多数是附近的年轻人，骑一辆共享单车来，点一杯咖啡，坐下来，慢慢品，生活中要懂得忙中偷闲。

这样的场景，改变的不是咖啡馆，而是加油站。这是可以加油的咖啡馆，也是可以喝咖啡的加油站。而加油就这样变成了一种具有潜在享受的事情，让人充满小小的期待。而脑海里嗅觉想象不再是苯的气味，而是咖啡豆里蕴藏的挥发性芳香化合物香气。由于有咖啡的存在，普普通通的加油也变成一种充满温柔情调的轻度诱惑，每次来加油，内心总会想，要不要来上一杯？这有点像是大学里的理科生变成了文科生。这样不同液体的结合，会给人带来一种诗意的喜悦，将繁忙工作与日常生活融为一体，有一种水乳交融的意味。海蓝色让加油站的火红颜色降温，有添加冰块的寓意。而来加油站的人也不仅仅是驾驶员，还有顺道或专程来喝咖啡的客人。这又让加油站变成了一种公共活动的空间，开汽车的人、骑自行车的人和走路的人在这里相遇，说不定会产生小小的奇遇或传奇。就是冲着这个，也值得喝上一杯。味道好不好，其实和内心提前营造的氛围和期待有关，如同可口可乐有这么多人喜欢，喝的是一种感觉和期待。

咖啡价目表上首推的是290ml的小拿咖啡，会员价9.9元。老婆买了一杯，一边享受一边赞美，这咖啡的确味道好，看嘛，咖啡豆加了不少。她喝了一半后，热情建议我喝完剩下的一半。晚上，一家人都很兴奋，在床上辗转反侧，一直都睡不着觉，大约是味道不错的咖啡继续发挥提神醒脑作用。加油站咖啡的魅力的的确确大啊！

加油站，车加汽油，人加咖啡。在现有空间增加服务内容，虽然原本是商家的经营新思路，但客观上为城市增加了日常生活的服务空间。高度市场化的竞争，无限激发人的想象力和创新精神，对现有空间的深度挖掘，让人在脑洞大开的同时，也让日常生活多一些小小的乐趣。

玉林西路白夜酒吧

白夜酒吧，成都文化沙龙。1998年5月8日在成都玉林西路落户。酒吧的主人是文化界人士，所以这里是作家、艺术家、媒体从业人员、文学艺术爱好者的大家庭。

这是网上找到的一段有关白夜酒吧的介绍。2008年，白夜酒吧从玉林西路转战宽窄巷子，最近又重新杀回玉林西路，这大概说明宽窄巷子的高昂房租已容不下诗意，也说明玉林西路又焕发了青春，东山再起。看来，白夜酒吧的真爱和根脉还是在玉林。

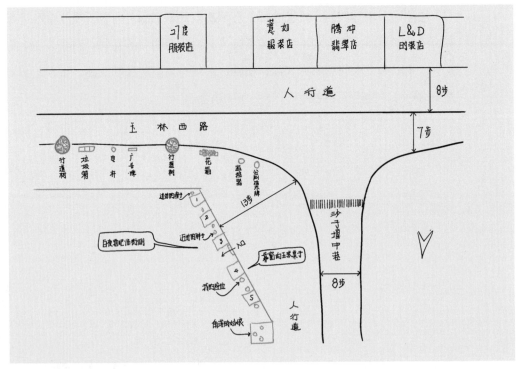

· 白夜酒吧手绘示意图

其实，我对喝咖啡喝酒都没有太大的兴趣，因为要研究有关成都街头小店的内容，这一年特别关注这方面的事情，也会去眼缘不错的小店坐坐。

一个冬日温暖的午后，我从玉林东路往西走，来到这新开张的小店。原来的老白夜酒吧开在玉林时我没有去过，现在的酒吧在玉林西路和沙子堰中巷交会的街口。我喜欢坐在靠门的落地玻璃边，可以看到两条街，这是电影里间谍监视街道和接头见面的好地方。其实，养成这个习惯是因为看过一篇文章，说日本人住旅馆喜欢选靠门口或有紧急通道的地方，一旦发生火灾或其他突发事件，好第一时间逃跑。

靠落地玻璃窗一共摆了5张桌子，我坐在进门右首的第一张桌子旁。桌子是小方桌，0.6米的长度，小巧的椅子长度和宽度都在0.5米左右。我在笔记本上将5张桌子由南往北依次编号，最北一张编号为1，最南端编号为5，我就坐在4号桌边。这让我有入戏的感觉，仿佛是谍战电影的男主角。故事就这样开始了。

看上去没有人注意我。这个年龄的大叔其实在什么地方都很难引人注意。我点了一杯水果茶，进入工作状态。当服务员放下杯子转身离开时，我看见他黑色夹克背后有一个大写的B。店里靠柱子的波浪形桌子上散放着一些酒馆老板翟永明写的书，我选了一本《天赋如此》。这是一本有关女性艺术的书，由东方出版社出版。封面是一个女人面部特写，眼神忧郁而知性。内封折页处有作家简介：

翟永明，女，毕业于四川成都电子科技大学，曾就职于某物理研究所，1980年开始写作，并发表作品于报刊。

我一边喝着桂花茶，一边仔细推敲这短短的介绍。这是相当低调的简介，看不到作家的辉煌业绩。而位于四川成都的电子科技大学，常常被误以为校名是成都电子科技大学。曾经工作的单位，用一个"某"表达了一段记忆犹新却又不愿提及的经历。1980年开始写作至今，众多荣誉和作品都未提及。这应该就是女诗人的含蓄。

20分钟后，一位瘦瘦的中年男子进来，在门口停顿了几秒，左右张望，选中了1号位置面朝窗外坐下。他穿一件深黄色的皮夹克，颜色有一点偏棕红色。

要了一杯咖啡，轻轻喝一口，就抬头一直望着窗外。又过了10分钟左右，一位略胖的男子进来，与服务员随意打了一个招呼就坐在进门右首的桌边，也就是3号位。其实，他也不算胖，只不过比起1号座的那位显得结实一些而已。他面对我坐下。

服务员问也没问，就递给他一杯白水和一个本子，还有一支笔。他喝了几口水，和服务员聊了几句。然后埋头写着什么，时不时抬头又问几句。看样子，他不仅熟悉这里，还极有可能是这里管理者或股东。

在我的后面，5号位再后面的地方，也就是酒吧的角落，这里没有玻璃采光，看上去更加私密一些。这是一个由一组布艺沙发围成的空间，三位20来岁的姑娘在窃窃私语，时而发出一阵笑声。她们说的是市面上流行的成都椒盐普通话，用普通话的发音方式来说成都话。她们时而换位互相拍照，时而挤在一起，头靠着头同时看一部手机，估计是欣赏屏幕上刚刚拍摄的照片。她们继续讨论，继续调整角度和位子，再拍，再讨论，像是开展科研方面的课题。课题好不容易结束了，她们起身，开门离去，从我身边走过时留下一阵微香和微热，再加上不分卷舌音和后鼻音的椒盐普通话在空中飘荡。

观察窗外就相对仔细多了，这是我的科研课题。从我坐的位置看出去，玉林西路边顺路沿石从东到西依次是一株梧桐树、一个垃圾桶、一盏路灯、一张广告牌，一株梧桐树、一组花箱、一根监控器的长杆，最西是公厕的指示牌。人行道转弯处，一位工人一直在忙碌，他是在维修地面的发光带。这条发光带镶嵌在地面上，夜间提供装饰性的照明。街对面，可以看见27CM服装店、薏如服装店、腾冲翡翠店和L&D时装店。

我又喝一口咖啡。看一下手机，屏幕显示是2月19日下午3点35分。我入戏时间大约45分钟，感觉良好，于是开始计算玉林西路上的行人流量。道路机动车道宽7步，两侧人行道均为8步宽。在两分钟的时间里，在两侧人行道上一共看见了35个大人、1个儿童、1个大人怀抱婴儿，还有3条狗。

我又在酒吧里转了转，发现墙上有一首手写体的诗，开头几句：

你问我在干什么

告诉你，我在揪羊毛衫上的小毛球

你问我在干什么

告诉你，我在和自己过不去

我在难过

为这堆杂碎而活

　　这就是我眼里的白夜酒吧，如诗般的调性，优雅的荒草。白夜酒吧回归玉林西路，说明一个现象，就是老街老房子在城市中的价值。高人气和低房租，更适合普通小店的生存。有人说这些"老破小"的房子应该被现代都市所淘汰，白夜酒吧用事实告诉我们更真实、更准确的答案。

华兴上街阿奇书店

有朋友推荐阿奇书店——既有复古情怀，又带点科幻的金属感。

但是，吸引我的既不是怀旧的情怀，也不是未来的金属感，而是书店门口下沉式的露天圆形小平台。

书店位于华兴上街南侧，在成都市消防支队锦江大队的对面，是一栋老式多层楼房的临街一楼。相对于西侧的建筑，书店所在的楼房内退一定距离，这样就形成了一个入口的小空间，留给设计师可以展现才华的小小天地，把这个原本是街头半死角的位置转化为书店与街区的社交空间。这是书店最出彩的地方。

我每次路过这里，总是会停下脚步，仔细观赏。如果时间充裕，还会在这平台小坐一会儿。小平台一侧紧邻人行道，一侧紧靠楼道单元出入口，还有一边靠西侧的围墙，剩下的一面连接书店入口。平台长6步，宽4步，颗粒感十足的水洗石面现在已非常少见了。平台由多个几何造型组成，有点像是月球表面的高低起伏。一个直径1.1米的圆形下沉区，以及梯步和组合式长台阶共同构成一个相当奇妙的入口地带。书店的客人可以在这儿看书喝茶，路过的行人可以歇歇脚，楼上的大爷大妈可以在单元门口聊聊天。书店的建筑语言非常明确地表达出一种欢迎的姿态，同时让设计师和艺术家们能够跟本地的文化融合，跟社区普通居民无障碍交流。

由于平台的高差小，大多在0.4米到0.5米之间，小孩子在这里爬上爬下也

· 书店临街的下沉设计

没有太大的危险，而且这么小的区域，孩子的活动始终在监护人的视线范围之内。路边的书店小灯箱也非常考究地采用了圆弧边，避免了直角存在潜在安全隐患。平台呈现出一种欢迎的姿态，含糊而优雅，还有成都小女人的倔强和自信。靠墙处有木质小亭，亭下有轮，地面有嵌入式细轨，轮子置于轨道之上，这样木亭就可以轻轻松松滑进滑出了。小亭的木构件散发淡淡的天然树木香味，和满架子的旧书旧杂志交融，共同强化怀旧的味道。

走进书店，发现里面的空间并不大，但利用巧妙。地砖是以前的老地砖，设计师有心保留了下来，希望来书店的客人们能找到旧日的城市生活记忆。设计风格上，注重打破沉闷和呆板，让人感受到城市鲜活的创造力。金属感的设计和木质建筑，配以照明控制，让书店在暖黄色灯光下呈现魔幻复古的韵味。

书店的"奇艺杂货铺"里两个弧形书架变成了拱门，顶上又是一个圆状造型。架子上旧书静等爱家——那是些特立独行的人。"新古图书馆"区域大多是一些建筑类、艺术类的书籍，这大概是书店主人的个人爱好吧。房间尽头是小小的院子，取名"打盹儿后院"。老旧的皮沙发，看上去就让人昏昏欲睡。从后院拐进另外一个房间，是举办沙龙和展览的地方，叫"奇妙俱乐部"。这里常常有小型展览，前段时间我还来看过老成都传统十二月市题材的美术作品展。在它的旁边，还有一个布满建筑工地架管的房间，有点像街头的建材经营部，他们却说这就是艺术家们的办公室。

书店的旁边还有一家有鸣茶馆，带点传统中式风格。据说，和书店是同样的投资人。门口路边是老成都茶铺常见的竹椅子。几个悠闲的年轻人在紧张有序的消防局对面姿态慵懒，东拉西扯，旁若无人，如同街头行为艺术家。这两家店风格迥异，却又相得益彰，悄悄配合对方，在彰显自己的同时，又不断地为对方鼓掌。

我常常到上海出差，有空总会去两个地方看看，一个是上海图书馆，一个就是老街巷。喜欢上海淮海路、长乐路那样的氛围，古老和时尚融为一体。成都老街小巷有自己的个性，舒缓而包容，柔美中充满智慧和幽默感。每个城市都应当有代表自己气质风骨的书店，阿奇书店大概是想往这个方向努力吧。

柿子巷柿子书院

　　宽窄巷子再往南，就是柿子巷。小巷原本名气并不大，清代叫永平胡同，因为巷子里有棵大柿子树，民国时期改名为柿子巷。这几年，小巷改造，走文艺复古路线，渐渐有了些名气。其中，巷子中段一家柿子书院异军突起，和隔壁的废品收购站相得益彰，相映成趣。

　　柿子书院其实并无柿子，就连整条街都看不见柿子树。路边矮墙有长条木凳，墙后小院里有棵高大的银杏树。和我一样，不少路人喜欢坐在树下木长凳上。因为凳子在院墙外，感觉并非消费区域，有心理上的放松感。坐在路边，可以看街头的风景。时不时有满载废品的电动三轮车或人力小拖车从眼前经过，进入旁边的废品收购站。这一雅一俗的对比，让人想到了中国传统的"耕读传家"。最显眼的是载着白色废弃泡沫板的三轮车，远远看去，像是移动的冰山缓缓向你漂来。日常生活中，处处有"行为艺术家"。

　　吧台小屋设在树下，提供外卖，方便路过的人买走咖啡。小屋样式颇古雅，旁有楼梯上二楼平台。如果时间充裕，阳光充足，建议在平台上喝茶聊天，伸手触摸银杏叶子，如同触摸阳光。

　　树下几步远，就是书院室内部分。

　　一个方形的吧台，台面高度在我肚脐上方两指的位置。吧台和左侧墙面之间是通道，墙面上是一排正方形的画作，都是用专业的画钩吊线布展。吧台往前，也就是通道的右侧，是三组座椅，它们和通道之间用小型的书架隔开。头顶是透明的玻璃，让这一片区域光线明亮。吧台的右侧是面对面的双人沙发，也用矮组合书架和通道隔开。中间的区域是大长条桌子，上摆文创作品。旁边两张圆桌，有客人三三两两分坐。右边靠墙是一排顶天立地的书架，在中间位置开窗，邀请屋外阳光进来。

　　右前的角落里有一间玻璃房，里面有一棵大树，似动物园的珍稀动物馆。

· 书院临街面的巧妙设计

· 书院室外部分的空间利用

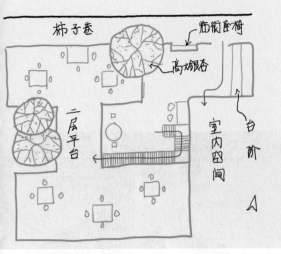

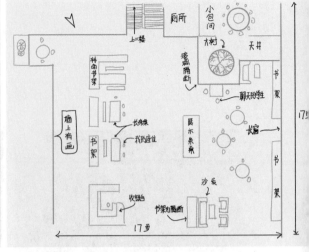

· 书院室外手绘示意图　　　　　　　　· 书院室内手绘示意图

玻璃房旁边是一张方桌，几位穿石室中学校服的学生和一位穿黑色连衣裙的女士围坐在一起聊天。女士看上去瘦小，皮肤白净，年纪在35岁上下，滔滔不绝。

推门进到玻璃房里面，意外发现靠里还有个不大的房间，里面一张大圆桌，配10人座位。

在小房间和楼梯之间设计了一个小巧的卫生间，每一处细节都经过仔细考虑，相当精巧。我从楼梯悄悄上二楼，回廊样式连多间客房。因为有天井设计，处处敞亮。不见住店客人，空间如林中禅院般寂静。

柿子书院虽无柿子，但路边银杏给书院增添了古意和文气，这是街道恩赐的加分项。城市中任何一处有历史价值的细节都值得珍惜和保护，它与时代和谐共生、携手发展，两者不是对立的关系。街道中围绕历史遗存展开主题营造和空间打造，是假古董仿古街无法比拟和模仿的。

说实话，柿子书院有"书"也有"院"，但似乎还没有强烈的"书院"味道。如果能结合少城历史文化和街道特色，加上店主个人的偏好，在商业逻辑支撑下，突出古往今来书院的公益性和教化作用，书院也许就更像书院了。

小摊

从严格管理的角度来讲，街边小摊小贩应该被取缔，无证经营与随意占道有损城市的健康与形象。但是，千百年来，路边小摊屡禁不绝，始终活跃在城市的各个角落。宋代《清明上河图》里沿街分布的摊贩，在人们眼里是城市欣欣向荣的生动展现。小摊贩为什么产生，他们是如何生存的，怎样看待摊点与城市公共空间的关系，以及给城市普通人的日常生活带来了怎样的影响？宽严适度的人性化管理，可以让星星点点的小摊小贩成为都市特别的风景线。

陕西街擦鞋摊

路边擦鞋是成都街头的一大景观，历史悠久、长盛不衰。不知成都最早的擦鞋摊是何时出现的。从逻辑上讲，大致从皮鞋在市面上流行开始，就应该有人在街边擦鞋了吧。

在陕西街的东头，靠人民南路的人行道上，有一位86岁的老人在这里擦鞋已经十多年了。在我的《成都街道漫步手记》里提到过这位姓刘的大爷。最近，我打算去看看，看看老人家是否还在那里摆摊擦鞋。

准点下班，开车从南往北，在上南大街左拐，驶入金盾路，然后从忠孝路右转到陕西街。时间大约是下午6点。

右脚轻轻往下用力，稍微加快了车速，心里多了一丝期盼和忐忑。快到道路东头，我看见一位穿蓝色横条短袖衬衫的瘦小老人在整理东西。看不清他的面部，因为老人头戴一顶宽边迷彩色遮阳帽，像是热带丛林里的突击队员。我只记得他冬天常戴一顶可以遮住耳朵的黑色皮帽。靠近，没错，应该就是他，他还在原来的地盘。减速、靠右、调头，我把车停在街道北侧的路边，靠近老人的摊位。

"刘大爷好。"打过招呼后，我脱下鞋子请老人帮忙打理一下。

这是一双浅灰色的旅游鞋，轻便、舒适、透气。这双鞋有些脏，前几天右脚不小心陷入绿化带的软泥里，弄脏了鞋面。自己试着打理，依旧不太干净，也算是找个理由来这里。

刘大爷拿了一双有英文字母的黑色塑料拖鞋让我穿上，我坐在椅子上穿着拖鞋，拿出提前准备好的袖珍笔记本，开始了街头采访。而老人一边忙碌着，一边回答我的问题。对于我们而言，不过是摆摆龙门阵而已，围鞋闲谈的气氛轻松自在。

他先用帕子在水桶里沾水，将鞋面和鞋边擦干净，然后坐下来仔仔细细地

·街头的擦鞋摊

上鞋油。我说，旅游鞋是网面的，不用像皮鞋一样上油。他解释道，这鞋子斜侧边和后跟处是皮制，需要上油。大爷专业，当然听他的。他用一个像刷油漆的排刷，蘸上透明的鞋油，一点点在鞋上涂抹，尽量让鞋油分布均匀。他说，这鞋油资格，让我一百个放心。

老人就住在不远处的一个小区里，离这里大约有100米的距离。每天都来这里摆摊，从早晨8点一直到下午6点半，风雨无阻。中午不回家，担心回家了擦鞋的这些东西被人拿走。老伴负责在家做饭，午餐是她从家里送过来。

早些年，擦皮鞋是5角钱一双，现在价格涨到8元一双。旅游鞋要便宜一点，6元一双。每年的二、八月间生意最好，一天收入两百多元，一般情况下就挣个百来块钱。冬天太冷，大家不愿脱鞋子。夏天太热，又不愿坐在街边。老人说的"二、八月"指的是农历，是初春和初秋的好时节，不冷不热，人们喜欢在户外活动，擦鞋子的刚需也就高一些。

外地游客喜欢在成都擦鞋子。成都人说擦鞋子，外地人听起来像是"擦孩子"。外地人就是想看看，成都人究竟要把"孩子"擦出啥子样子？过去，旁边的城市名人酒店外地游客多得很，一大车一大车地拉过来，在这里擦鞋修鞋也是沾了旅游业的光。他告诉我，修鞋是主营业务，一双鞋起价10元。

为什么要来这里摆摊呢？大爷说这里位置好，头顶这棵大树正好当伞用，阴凉。

这个位置"守三方"，大爷也是耿直人，点破其中的秘密。

我环顾四周，仔细研究这个位置的环境特征和地理优势。

这里离人民南路只有10步的距离，从主干道进入陕西街的行人相对较多。这里离人民南路下穿隧道也仅仅几步，从街对面梨花街过来的行人钻出隧道就会看见大爷的摊位。摊位正对陕西街的过街人行道，从街道南边过来的行人也会路过这里。这就是大爷说的"守三方"。

那么，摊位为什么不摆在陕西街的南侧人行道呢？

陕西街东段的北侧和南侧虽然都有单位，但是南侧被石室中学占据了大部分地盘，而初中生一般不会花钱在街头擦鞋的，他们都穿简单轻便的旅游鞋。而街北侧的单位多一些，如四川省教育厅、四川省人力资源和社会保障厅、四川省工业和信息化研究院陕西街办公区、蓉城饭店、四川省微电影艺术协会、红旗超市和大大小小卖服装的商店。我坐在路边观察，从道路北侧人行道经过的行人数量明显多于南侧。单位上班的公务员需要擦皮鞋，形象光辉，事业有成。来机关办事的人也需要擦皮鞋，足下生辉，办事顺利。

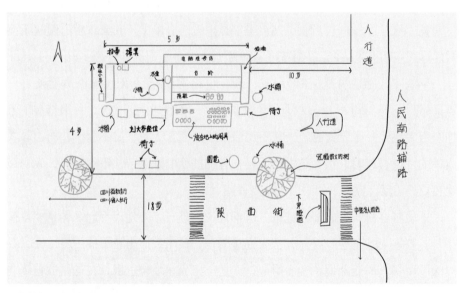

· 擦鞋摊手绘示意图

我穿着拖鞋来回走了几步，大爷感觉我是个急性子，有些坐不住，其实我已经开始了测量工作。

摊位占据人行道靠建筑外墙一侧，长5步，宽4步。地面铺上两块塑料布，将鞋刷、鞋油、胶水、水桶等全套用品用具全部放在上面。旁边正好有四级台阶，这也就成了大爷的展示平台，几把剪刀和整整齐齐排列着的塑料拖鞋就在这平台摆放着，像是大商店里商品的陈列。

台阶上有一扇长期关闭的小门，这里过去是一家电脑维修的小店子，门牌号是陕西街26号附1号。台阶两侧各有一段矮墙，这也被大爷充分利用起来，用作自己分类摆放物品的空间。两轮小推车、塑料扫帚和水盆就放在矮墙两侧。这样大爷的地摊各功能区划分就更加合理，空间布局也就充满更多的变化和想象力。

他是如何进入这个行当的呢？

大爷过去曾经在西门一带的皮鞋厂里上班，退休后还想找点事做做。擦鞋既简单、投入小，又和自己原来的工作有一点关系。还有，这里离家近，不收摊位费，挣的都是净利润。没想到，这一干就是这么多年过去了。大爷感叹，这里的城管好，对他这样的老年人非常客气，从来没有强行驱赶他。

穿上鞋子，道谢离开，脚背上有些湿润的感觉。走起来却明显轻快了许多，也许是上了鞋油的原因。

说实话，鞋子还是不太干净，但擦鞋的意义并不在此。

个人空间和城市公共空间虽是共生关系，却一直都在悄悄博弈，这样的微妙冲突无处不在。寻找最佳的空间，寻求最大的利益，是城市弱势群体低成本生存的有效途径和自然选择。城市管理的弹性，将规范化管理和人性化关怀融为一体，这是成都的特点和高明之处。城市管理的风格和行为，会潜移默化地影响城市风貌和街头景观，助推城市民俗的形成。城市街头文化是城市史和日常生活史研究的重要课题，而街头观察则是最重要的研究手段和最为基础的工作。

对于我来讲，这6元（擦鞋费用）成本的研究，涉及街头空间与城市管理的重要问题。

工人村修表摊

工人村11栋楼下的修表摊摆了好多年。这样的路边修表摊只有在老城区还看得到，这是逐渐消失的街头景观。客户大多是住在附近的老人。现在的年轻人大多不戴表，即便有表，也多半是不用修理的电子表。

这是工人村的黄金口岸，位于丁字路口，背依11栋，面朝21栋，旁边是一座两层的小红房子。

路边有一根直径0.3米的混凝土电杆和一把绿色的大伞，它们与楼房外立面构成了一块2.4米长、2.5米宽的矩形区域。电杆和楼房之间有三张不同样式、不同色彩的椅子。一把是黄色布套的木椅，一把是蓝色坐垫的不锈钢椅子，一把是实木清漆椅子。三把椅子一线排列，形成一个边界，与旁边的区域隔开。

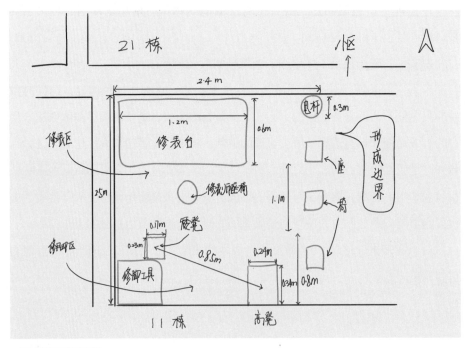

· 修表摊手绘示意图

· 刘师傅的工作台吸引我的注意

　　最靠路边的是修表工作台，这是修表师傅自制的带四轮组合式修表台。准确讲，这修表台由两部分组合而成。上面是一张老式的办公桌，下面是带四轮的钢架，桌子其实就是放在这带轮钢架上的。有点像是汽车底盘和车厢的组合方式。桌面长1.2米、宽0.6米、高0.88米。桌面下有小抽屉，内有各种修表工具。桌面上有一个梯形的玻璃罩子，罩子长0.85米，宽0.4米，梯形较高的一边是0.5米，较低一边是0.4米。这是我见过的最为科学的自制修表台。

　　修表台外侧挂了一个大红色的广告，广告上写的是名表维修、灰指甲、鸡眼。这说明除了修表，师傅还可以修脚。在身后的墙面上，还挂着男士和女士去除面部痣的示意图。从广告上可知，这位复合型师傅姓刘。

　　在刘师傅背后还有一个小空间，这寸土寸金的地方不能浪费。刘师傅把这里打造成了修脚的区域。这空间宽只有0.8米，长2.4米，摆放了一高一矮两张方形木凳。高凳边长0.3米，矮凳的边长约为0.2米。木凳一张靠里，一张靠外，中心线连线的长度为0.85米。在矮凳的旁边是一个小工具箱，里面是修脚的工具和两张帕子。来修脚的一般也是附近的老人。老人坐高凳，师傅坐矮一点的凳子。我终于搞清楚了两张凳子为什么要斜着放。因为工具要放在矮凳右侧，师傅右手操作起来才方便。

最近，工人村开始改造，小商小贩们都暂时搬迁到不远处党校旁边的市场去了。刘师傅也搬了过去，不过这里的摊位依旧保留。有些老人去那边不方便，他就干脆两边做生意，哪边有活路就在哪边干。他说，反正将来还是要搬回来的，他还是喜欢原来这个位置。

我隐约感到，刘师傅将来也许回不到工人村原来的地方、继续他的生意了。城市的空间，无论是小区还是街巷，经过整修、整治、美化，提档升级后，一般来讲会出现两种情况：一是管理更加规范，二是空间增值。这都会导致租金上涨，这对街头野生小摊贩来讲是致命的影响。改造后的工人村小区里，不太可能再出现随意摆摊的现象，而微利的修表和修脚生意，从此将失去昔日自由自在的美好时光。在城市现代化进程中，这仿佛是一种必然的现象和趋势，这究竟让人感到快乐还是一丝伤感呢？

工人村缝补摊

工人村9栋楼下，每天都有一位中年男子在法国梧桐树下缝缝补补，动作娴熟，神态怡然，是工人村一道独特的风景线。

我有些好奇，这缝补的活路千百年来都是妇女们独揽，全工人村的女同志都去干什么了，居然没有一位与他竞争，而照顾他生意的，清一色都是大姐大妈。

9栋地理位置得天独厚。6步宽的通道对面是26栋的院墙，26栋的对面是25栋。这是一个丁字路口。右侧10米远是一家小花店，它们之间遥相呼应。他喜欢一边工作，一边和花店老板开玩笑。花店老板站在店门边，而他总是守在缝纫机边。

这个位置就在9栋单元入口的旁边，他的家就在身后的一楼。从他家窗户抬头就看得见缝纫机。没有生意的时候，他就在家里做家务。有客人来的时候，他从窗户里往外看一眼，就立马跑出来。

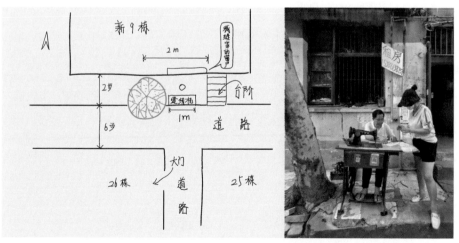

· 缝补摊手绘示意图　　　　　　　　· 师傅的家就在摊位后面

如果是要紧的活儿，他就坐下来，把布料或衣物翻来覆去仔细看一下，简单问几句，立马动手做起来。他的话不多，性格安静内敛。我与他几乎没有聊过天。他用的是一台颇有年代感的上海牌缝纫机，右手在转轮上逆时针下拉，脚下轻松用力。左手将布料往前推送，如同填装机枪子弹的动作。针上下穿梭，将线缝制在布料上，细线织入布料，急促而单调的动作像是不停点头的啄木鸟。剪断线头用的是一把老式的大号裁缝剪刀，剪刀表面有岁月的包浆，又黑又亮。剪刀手柄上有油亮色毛线缠绕，这是老裁缝的象征。

他所在的位置是一个0.3米高的平台，可能是原来放置或栽种植物的花台。平台宽1.2米、长2米。我所说的2米就是梧桐树和单元入口之间的距离。缝纫机的长度是0.8米，外加一块0.2米的长板。这样，工作状态的缝纫机就有1米的有效长度。树下的大哥，像是在高高的舞台上表演，与周围卖菜的大姐大哥和买菜的大爷大妈形成鲜明对比。他是高雅的、自信的、高出一等的，不紧不慢，不斤斤计较，也不婆婆妈妈。他非常斯文，皮肤白净还带些自然的光泽，像江南才子，恍若《西厢记》里故事的男主角。才子坐在一张靠背木椅上，这是老样式的办公室木椅，深褐色的表面有岁月的痕迹。

女顾客有的是走路过来，有的是骑电瓶车路过。她们大多从塑料袋或布袋里掏出一件上衣、一条裤子或一副袖套。"下午五点来取哈。""要得嘛，没得问题。"口头约定，顾客转身离去。小本生意，不需合同，也从来不付定金。这是最为原始的交易形式，以诚信为基础，实现最高效率和最低成本。工人村如同乡村般朴实的美感真让人着迷。

玉林四巷蛋烘糕摊

网上说，玉林四巷的陈记爷爷婆婆蛋烘糕，是成都血统最纯正的蛋烘糕。

玉林一带的街道长得很像，街名如同高启盛和高启强，容易混淆。好不容易找到了玉林四巷，却发现巷子里各院子门牌大多是玉林东路的门牌号。陈记蛋烘糕的摊子立在路边，街对面是一个院子，门上写着玉林东路9号。虽然是夏天，但院门上的春联还在：一帆风顺年年好，万事如意步步高。

一对中年夫妇忙碌着，一边招呼顾客，一边兼顾手里的活儿。一辆四轮不锈钢推车停在窄窄的人行道上，但似乎又并不妨碍交通。车上的操作台也是不锈钢的，两层架子上摆放着各种调料瓶子。看起来丈夫掌握核心技术，是

·小摊与人行道的空间关系

主角，而老婆是配角，承担一些辅助性的工作。男人的左首还有一个小推车，下面放着一个液化天然气罐子。两口炉盘上面是两个小巧的铜锅。一个铜锅下的炉火开得旺一些，是为了节约时间，让蛋烘糕快速成型。旁边一口铜锅用文火，是用来慢慢升温烤焦用的。制作一个蛋烘糕先要放在大火炉子上，再换到小火炉子上。完成一个蛋烘糕的完美操作过程大约需要两三分钟时间。如果时间太短了，虽然烤熟了，但味道并不好。

男人一边工作，一边给我介绍。要刚好烤焦、烤脆，但是不能烤煳，这就是手艺，这就是火候，一般人掌握不好。比如，在打好的蛋糊里应该加一点油，这样就可以有效防止烤煳，吃起来又香。

小推车旁边有一张小方桌和几张小凳子，几个年轻人围坐在一起，每人都要了几个蛋烘糕。因为人多，等待的时间显得漫长。慢慢上，大家就慢慢吃，越吃越香。因为座位少，大多数人围在推车周围，目不转睛地等待着属于自己的蛋烘糕。这增加了现场的紧张气氛，感觉稍不留神，自己的蛋烘糕就有可能被他人捷足先登。

蛋烘糕的品种相当多，你想吃的口味样样都有。

价格便宜点的是土豆丝和萝卜丝蛋烘糕，三块五一个。鲜肉三鲜、奶油肉松、五香芝麻等单价是4元。自家手工做的冰粉，6元一碗，喜欢的人不少。

记得十多年前来玉林时，也吃过陈家的蛋烘糕，当时的两位老人应该就是陈大爷和老伴，也就是中年男子的父母。后来，这个街头蛋烘糕摊摊突然消失了。坊间说，成都蛋烘糕的发明人是人民公园一位姓曾的大爷，陈大爷就是跟他学的手艺。

小陈师傅大力推荐鲜肉的，说是他家的特色。我却要了两个芝麻白糖蛋烘糕。我心目中，只有芝麻白糖才是蛋烘糕的经典味道。闲聊之中，说起当年老人家蛋烘糕摊摊突然消失的原因。

2003年，由于玉林菜市搬迁，原先摆摊的地方不能再摆了。"蛋烘糕的利润本来就不高，以前不用交房租，所以每个月收入还不错，但如果要算上房租，这小生意就没啥搞头了。"老两口决定收摊不干了。2016年，陈记蛋烘糕的小车又重新出现在玉林的小巷子里，不过，蛋烘糕摊的主人换成了小两口。

原来是单位没活干，摆摊还能挣点钱。

玉林街头出现网红蛋烘糕摊，其实并不代表玉林人最会做蛋烘糕，也不代表玉林人最爱吃蛋烘糕。从城市地理学和经济学的角度来讲，是玉林的环境、空间和生活成本催生了这一现象。为什么在天府新区的街头没有这样的现象呢？其中的道理就和白夜酒吧重回玉林是一样的吧。

也许是个人偏好，也许是学术研究的需要，我常常思考成都街头出现的类似现象，这类现象的普遍化和持续性，会逐渐形成一种独特的城市风貌或城市民俗现象。我们都知道，有一幅宋代名画叫《清明上河图》，图中描绘了古代街头摊贩的生动景象。其实，这幅精彩的古画深刻揭示了宋代城市管理和街头经济的内在关系。城市街头独特景观的形成，有两个重要的人为因素，一是城市规划与建筑设计，二是城市经济与综合管理。同样的道理，成都街头风貌的形成，以及未来的发展，都与这两点紧密关联。我们期望有怎样的城市特色，就需要有与之相应的城市规划、建筑设计和城市管理模式。希望我们能给后人留下一幅更加动人的成都版《清明上河图》，这是城市街头美学弥足珍贵和真实动人的市井气。

菜场

这里所说的菜场专指城市街边那些农贸市场，也就是成都人所说的"自由市场"，是很有些野性的地方。这类市场大多露天，相比商场超市或统一打造的益民菜市场而言，管理随意而松散。但是，这样的菜场在城市的核心区域，有时就在你家楼下，着实方便。价格诱人，比正规市场便宜不少，还可讨价还价。这样的市场也是交往的公共空间，人们在此打招呼，摆龙门阵。顾客和顾客，摊主和摊主之间，以及顾客和摊主之间建立了一种类似老熟人老朋友的关系。其貌不扬的菜市场往往是城市最具活力和烟火气的地方，有一种掏心窝似的质朴和率性。

星辉中路工人村菜市场

工人村菜市场的正式名字叫工人村农贸市场。其实，这名字也不算正式。因为，这市场本身都不那么正式。

菜市场有两个重要的出入口，一个在星辉中路，一个在张家巷。星辉中路上的出入口是1号门，张家巷上那个是2号门。不过，大多数常常来这里买菜的人并不在意大门的编号，对他们来讲，在这里进进出出几十年，不需要搞清楚哪个是1号门，哪个又是2号门。而对于整个工人村来讲，出入口的情况就更加复杂了。在手机地图上显示有6个门，分别是北门、东南门、西南门、东南1门、西北3门和东北门。其实，我对这些门原本也搞不清楚，最近参与了工人村改造设计方案的一些讨论活动，才大致从平面布局图上了解到这些原来并不太关注的信息。

· 露天菜市场不仅有蔬菜，还有鲜花

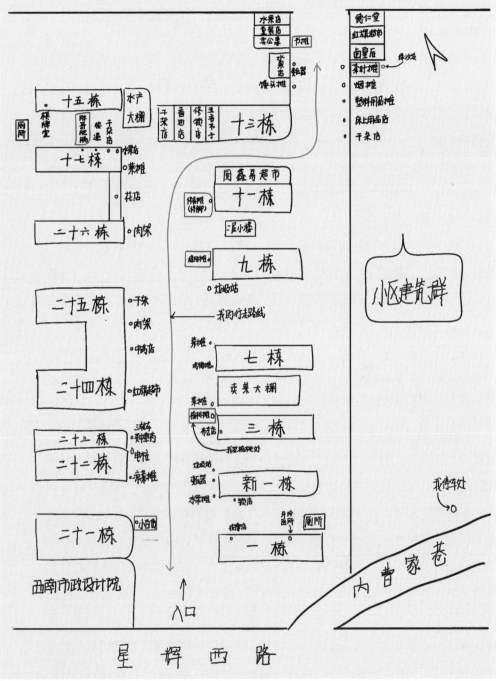

· 菜市场手绘示意图

我来工人村不下十次，有时是来买菜，有时是为了写文章做实地调研，有时仅仅是为了拍几张照片。如果开车过来，一般会将车停在附近的内曹家巷8号院。院子里有个空坝子，大约可以停放十台车辆。一次5元的停车费比路边停车便宜多了。

出小区右转，走几步就到了星辉中路上的那个工人村1号门了。内曹家巷和星辉中路、马鞍南路形成一个类似直角三角形。星辉中路和马鞍南路是两条直角边，内曹家巷是斜边。中国市政工程西南设计研究院就在这个锐角上，它紧挨着1号门。

从1号门进去，是一个建筑单位的居住小区。放眼望去，一栋栋多层老式楼房让人一下子回到几十年前的成都。一栋楼房的外墙上有两块蓝色的牌子，一块牌子上写着"曹家巷工人村一幢"，另外一块牌子上写的是"省建十四公司宿舍一幢"。这里最初是四川省建十四公司的职工宿舍，这一片区域居住的主要是建筑工人，所以后来人们就叫这里为工人村。

不知从何时开始，这里自发形成了一个规模不小的农贸市场。买菜和卖菜的人在这里慢慢形成了一条有规律的动线，这条动线在我的眼里也就变成了工人村里一个与街道有关的概念。这条民间自发形成的街道比起专业人士所关注的城市市政道路更有研究的价值，体现空间人性化的本质和街头形态野性成长的自然规律。我把它作为成都街道研究的典型案例。

道路也就是小区原有的通道，宽度就是两侧楼房外立面之间的距离，平均宽度大约在10步。当然，有的地方会宽一点，有的地方相对窄一点，并非标准的道路样式。摊贩们将货物摆放在道路两边，摊位占据的面积，根据其占据地方的实际情况而定。其中涵盖购物的便利性、交通的通达性，以及相邻关系等要素。有点像东非大草原上的野生动物，看似无序随机的地盘争夺，其实有动物界自己的一套游戏规则和处事原则。原来这里有专门的市场管理人员，负责制定游戏规则和进行日常摊位管理，并收取一定的管理费用。不过近来无人收取管理费了，也没有工作人员专门管理。据说要拆迁，原有相对正规一点的摊棚拆除了，摆摊变成一种自发的原始状态。但是，这里仿佛约定俗成有一套自治管理办法。比如，原来你一直在这个位置摆摊卖豆腐，明天这个位置还是你

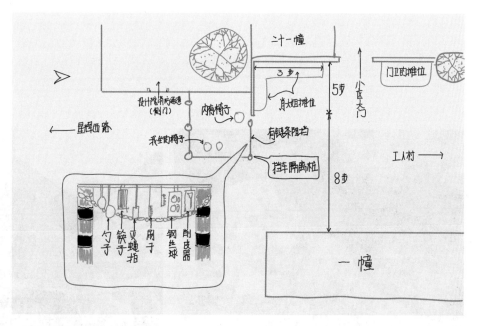

·工人村胡姐小摊手绘示意图

的，大家都懂规矩，没有人冒冒失失抢占你的地盘。

21栋的大门两边各有一处摊位。北侧是门卫设的摊位，除开卖凉菜外，还兼搭卖些卷纸和干杂。南侧是胡大姐的摊位，67岁的胡大姐几年前买了21栋的一套房子，一辈子闲不住的她就在门口找块空地开始每日的忙碌。

这又是一个城市小空间的典型案例，我对她的摊位进行了较为深入的技术分析。

摊位不大，长宽不过两三米，却由休闲区和购物区两部分组成。休闲区是由隔离杆和链条合围的矩形区域，里面放有三张椅子。两张椅子面向道路，是供来往的老年人休息用的。还有一张椅子朝向购物区，也就是她的商铺展示区。胡姐平日就坐在这张椅子上，招呼来来往往的潜在客户和老熟人们。购物区由一个堆满日常用品的自制货架和一段挂满小物件的墙壁构成。墙壁就是院墙的一段，镂空的花窗样式，正好分类摆挂各种小东小西。我大概数了一下，不下百件。

往前不远就是22栋，道路在这里形成一个人气的高潮，有点像是交响曲里

·菜市场里买菜的顾客

·撑伞的凉粉大叔

·菜市场里下棋的老人

·胖哥肥肠店

振奋人心的那部分，这是工人村流线值得关注的重要节点。因为建筑退距，形成了一个长42步宽5步的长方形开阔空间。楼下是一个挨一个大小不一的铺面，从南往北分别是红旗连锁、智慧康能佳养生店、剑阁土鸡土鸭、民间本草中药店、佳享肉店和李三娃水产店。红旗连锁门外的空坝是另外一家水果摊，其余都是各店铺将自家商品摆出来，让门店自然扩展出来，增大营业空间。留出的道路宽度为6步，对面是3栋。

　　3栋楼下的地摊占据2步宽的位置。我喜欢在这里的核桃摊上买10元一斤的新鲜核桃。我告诉女摊主，她的核桃价格比起玉林的8元单价贵不少。她说"好嘛好嘛大哥，优惠一元哈"。她反复强调，9元一斤是给老顾客最大力度的优惠了。其实，我自己对核桃没有特别的兴趣，只是父母喜欢吃我买的核桃，觉得我买的核桃味道最巴适。

　　3栋和旁边7栋之间的楼距为12步，利用这个空地搭建了一个带弧形顶的大棚，里面主要是些卖蔬菜的摊位。这里算是一个中心购物地带。22栋的楼前空间和这个大棚形成一种相互呼应的关系，生机勃勃，人头攒动。买菜的居民喜欢在这里停留，手里提着各式各样的蔬菜和肉类，三三两两站在街头聊天。他们喜欢在道路中间站着，临危不惧，仿佛听不见汽车和电瓶车焦急的喇叭声。来来往往的路人只有从他们身边绕过，而作为弱势群体的机动车只有耐心等待他们谈话结束。有时候，他们转身离去，没有走两步，又会再转身聚在一起，意犹未尽的样子，让闲聊变成了一场没有句号的街头耐力游戏。

　　7栋楼下有一家理发店叫大众美发，洗剪吹只需12元，相当便宜。我在书院西街理发，单剪是15元，而在星辉西路理发，洗剪吹一次是38元。当然，还有价位更低的地方。抚琴小区一带的街边理发摊，剪头带修面，一次5元。理发店的对面是卖鸡鸭的摊位。拔了毛的鸡和鸭整整齐齐地摆放在长条木板上，背朝下，双腿向上，像是打了败仗的部队集体投降的样子。对于鸡鸭来讲，这也算是理发，不过为此付出的是生命的代价。

　　7栋往前几步就是9栋。9栋楼下，歪脖子树的下面，总有一位长相斯文的中年人在打缝纫机。成都话"打缝纫机"，并非破坏缝纫机，而是指使用缝纫机来缝制衣物。因为他所在的位置相对比较高，是在老花台的上面，所以远远看上去有点登台表演的舞台效果。

　　9栋往北原本是11栋，这两栋之间不知何时加建了一栋两层红砖小楼，据说当年是小区维修工人和清洁工的工作用房。少见的外接梯，让房子有一种现代的浪漫气息，这也给路人一种想象的空间。未来利用这个小巧适度的空间，可以开一家书店或咖啡馆，或者是一座工人村微型博物馆。在未来的咖啡馆门口，一位大叔摆摊卖凉粉多年。因为在道路的东侧，下午有西晒的强烈阳光，所以每天他都会撑一把大伞。性情豪爽的大叔热情健谈，一张红通通的脸庞给人一种喝了酒的兴奋感觉。

　　11栋西南边有一个电杆，占据了道路的一部分，让这里成为通道最窄的一段，从电杆到对面围墙只有4步的宽度。电杆和11栋外立面之间大约有3步的间距，这被一位聪明的师傅充分利用。电杆边设了一个钟表维修摊，在它后边，也就是靠墙的地方是一个修脚的摊位。一主两摊，师傅既修表，也修脚，就看你的什么需要修理。如果没有表修，也没有脚修，他就会找人在摊位边下几盘象棋。每次下棋，旁边都围满了人，有买菜的，有卖茶的，有扫地的，有遛狗的。我只有登上旁边那个外接楼梯向下俯瞰，才能够看清楚人堆里面正在发生的事情。

　　11栋因为单元出口有外凸的设计，让两侧外立面自然形成内凹的区域。一侧被那位聪明的修表修脚师傅充分利用了，另外一侧是个干杂摊。干杂摊摊主是一位年轻的女士，从细节上看，不是等闲之辈。每天东西都摆放得相当整齐，大小和高低的搭配也非常考究。在我眼里，这是工人村市场最美路边摊。一张老式深棕色靠背木椅，一个桃红色的塑料外壳保温水瓶，一个塑料长方形菜筐倒扣，上铺木板。旁边一块大青石上也铺一块木板。两张木板靠在一起，齐平，形成一个条形台面。上面依次摆放6元一斤的本地黄豆、9元一斤的雪豆、8元一斤的荣县花生。黄豆和花生都各用竹编圆形筐盛放，雪豆居中用不锈钢盆盛放。花生筐下，特意用一石块垫高，有特别推荐的意味。同时，让摆放增添错落有致的美感。

　　再往前是个丁字路口，可以往左，也可以往右继续走。路口有张记正宗小磨香油店。路边摆放着榨油的机器，黑得发亮。机器一边快乐地运转，一边散发着浓郁的香味。

从香油店往西走到头，会看见胖哥肥肠店高高在上。卤肥肠真的很香，有点类似烧肥肠，干净、亮泽、红润，放入嘴里那一丝软糯让人沉醉，油润却不油腻，这是不可复制的核心技术。走到尽头是一座公厕，旁边有一家麻将馆，看上去生意清淡。如果从香油店往东走会路过几个单元的出入口，道路的另外一侧是超市的围墙。往东走到尽头又是一个丁字路口，我一般在路口往北走，这样就可以走到工人村通张家巷的北出入口了。

这个丁字路口拐弯处有一家饺子店，常常有穿睡衣的住户来买水饺。而在旁边有一家水果摊，冬天的时候，店员都穿着大红色的长棉衣，看上去也像是睡衣。我问他们为什么穿睡衣卖水果，对睡衣如此钟爱？店里人解释说："这是啥子睡衣嘛，就是我们的工作服。这种样式保暖、舒服、非常打眼，干起活来也比较方便，老板发啥就穿啥。"

水果摊不远处有一家卖公墓的丧葬服务小店，店主时常在门口摆一张长桌，或一张木板，上面堆放一些旧书卖。据说老板非常喜欢看书。推销公墓是

·菜市场就在住户楼下

·坐享茶叶摊里的翠绿沙发

为了赚点钱，卖旧书主要是一种情怀。

水果摊对面是一家卖茶叶的摊位。摊主喜欢坐在一张翠绿色的单人沙发上。面前是装茶叶的纸箱，纸箱上有手绘的人物和动物图案。这些都是他的女儿和侄女的作品。我拍摄了工人村各种各样的椅子和凳子，也试坐了不少，总结起来，还是这张翠绿色的单人沙发最舒服、最时尚。它在工人村出现和使用，像是一种行为艺术或装置艺术。如果将逛工人村菜市场作为一次旅行，在这张沙发上坐坐，必将是旅途中最舒服、最完美的一站。我问摊主，这么提劲的漂亮沙发是哪里来的？他笑着回答："别个不要的，丢在路边，我捡回来用起。"

我建议成都设计集团的一位朋友收集这些椅子凳子，将来在工人村建一个博物馆。我还将拍摄多年的工人村照片发给他作为设计的参考。

2022年岁末，我再去工人村，菜市场消失了，展现在眼前的是一个热火朝天的大工地。正在打听信息，一辆环卫清洁车从我身边驶过。我看见车厢里垃圾堆成小山，山顶就是那张翠绿色的单人沙发。据父亲说，市场已迁到不远处的恒德路继续经营。将来，工人村改造完成后，这些小商小贩还会搬回工人村，继续他们快乐的小生意。消息虽未经确认，却也让人感到高兴。我期待在不久的将来，又会在工人村看到小商小贩们忙碌的身影。

2023年夏末，当这本书的印前样交到我的手中时，工人村已改头换面，街边露天菜场已消失，书中描写的场景已成为历史。原来可以实地寻访的街头空间演变案例，只能在本书中查找文献资料了。

玉林中横巷路边菜场

成都玉林，街道纵横，街名复杂。棋盘式布局，就像是摆开了让人有来无回的迷魂阵。不过，路网看起来复杂，多去几次，摸清了规律也就简单了。面对棋盘，下棋有下棋的路数和套路。我很喜欢玉林，但在自己所著的前几本书里都未涉及，最近才把写作和观察重点放在了这里。

玉林，藏龙卧虎，处处有值得研究的案例。

不用说玉林东街、玉林西街和芳草街这些大名鼎鼎的街道，随手抓一条不起眼的小巷子，都有写不完的故事。比如，玉林中横巷，一头接玉林西街，一头连玉林中路，其间有玉林八巷、玉林九巷和玉林十巷穿插。其貌不扬，但街边菜市场充满浓郁的生活气息，这路边市场的形成和发展值得社会学的专家们好好研究和分析。

让我东说西说。

东头的起点在玉林综合市场楼下东侧第一间铺面。玉林综合市场是一栋两层的楼房，在我的印象里，这是成都较早的室内立体菜市场。临街一楼建有连片的小商铺，这些小商铺依托综合市场，做些与日常饮食相关的生意。

从东边开始，依次是赛八珍熟卤店、粤饺皇饺子云吞店、菜菜庄水饺抄手店、北京片皮烤鸭店、战旗包子店、油烫鸭店、天天鲜卤店、杨德怀乡味店、哈尔滨老面饼店、廖记棒棒鸡店、温鸭子。清真肺片店过了就是市场出入口。再往西是二姐兔丁、五谷粗粮店、良心水饺店、兄弟肥肠店、军屯锅盔店、紫燕百味鸡、板嘚欢钵钵鸡店、御膳手工水饺、老农民玉米窝窝头、胖哥拌菜、郭氏包子店，收尾的一家叫姊妹食品。

战旗包子的价格和东通顺街战旗包子总店一样，豆沙包和白菜包都是两元一个，肉包子要两元五角钱一个。一位花白头发，穿一件绿色连衣裙的优雅太婆，肩挎一个时尚的白色黑边布袋，买了一袋白菜包子和一袋白面馒头，飘然而去，

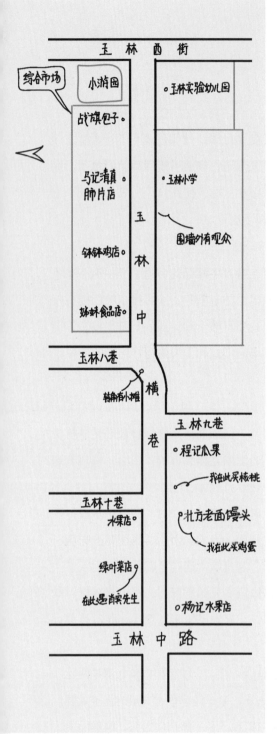

·玉林中横巷手绘示意图

步履轻盈，绿裙袅袅。

马记清真肺片店永远都有人在排队。上午9点才开门营业，8点过一点，就有忠实的粉丝在守候了。排在第一的是位50岁上下的阿姨，头戴黄色遮阳帽，身穿深紫色带银色暗花连衣裙，脚上是一双非常干净的白色休闲鞋。她的脚边放着一个黑色的双肩旅行包，看上去像是来成都旅游的外地游客。

为什么生意这么好呢？我问队伍中一位穿白色圆领T恤衫的大姐——从随意的穿着推测她是附近居民。大姐热情介绍："肉资格，好嚼，莫得色素，莫得添加剂，又不是特别辣。都在这里买了一二十年了，只相信这家店。"初来乍到的客人还不太清楚，买拌牛肉和拌肺片要排队，买卤味是不用排队的。拌牛肉是126元一斤，拌肺片和卤牛肉要便宜一点，都是116元一斤。玻璃橱窗上有块绿色的牌子上写着：

马记清真肺片，本店绝无分店。

这就是告诉大家，其他地方的马记清真肺片都是冒牌货。

有人说，这家店的伙计做事慢吞吞，故意让顾客慢慢等，好让排队的人多一些。不过，从来没有人进行过实地

·玉林综合市场是上下两层的室内空间

·大树间的路边摊点

·街边的肺片店永远是乐此不疲的排队景象

·路边有卖菜卖水果的摊点

·卖鸡蛋的大姐在街边临时摆摊

调研以及用时对比分析。我对这个传闻表示怀疑。

不远处的钵钵鸡店有些奇特，十多二十个不锈钢钵钵里分别装有各种加工好的荤菜和素菜，顾客用筷子自己挑选，然后称重计量付款。看见有顾客不停在钵钵里"翻江倒海"，如同寻宝和淘金一般，不知究竟想在钵钵里找啥子宝贝。店铺两侧立柱灯箱上非常醒目地写着：

本店全部采用新鲜鸭子新鲜肥肠，假一赔一百

鸭子就要冒着吃，加根肥肠更巴适

看来，这家店主打的是冒鸭子和肥肠，钵钵鸡应该是附属业务。

姊妹食品店里有三四个年轻姑娘在忙碌着，分不清谁是姊谁是妹。这里主要卖的是卤菜和凉拌菜，从价目表上看，一共有32个品种。其中最贵的是卤牛肉，99元一斤，比马记清真肺片店的卤牛肉要便宜不少。橱窗玻璃上开了几个半圆的小窗，可以开启和关闭，小巧方便，也比较卫生，颇有新意和巧思，我把它评为玉林最佳开窗方式。

街道的南侧，也就是这些商铺的街对面是玉林实验幼儿园和玉林小学的围墙。围墙上有一块成都市"街长制"管理公示牌，上面有街长的名字和联系方式。我终于搞清楚了街长的工作职责：

1. 开展街道城市管理日常巡查。

2. 督促商家店铺履行"门前三包"。

3. 督促清理环境卫生"脏乱差"问题。

4. 督促整治垃圾乱扔、广告乱贴、摊位乱摆、车辆乱停、工地乱象、河道乱污和违规搭建。

5. 其他事项：邻里守望、能帮则帮。

喜欢第五点，其文字风格和前四点完全不同，有点古风雅韵，街长的职责让我想起了汉代的亭长。

一般来讲，只有单侧商铺布局的街道商气不会太高，因为不容易聚集人气。但这里似乎是个例外。

你时常会看见有大爷大妈趴在围墙上，津津有味地欣赏校园操场上孩子们运动玩耍的活泼身影。他们会斜挎一个色彩鲜艳的布口袋，或者单手拖一个两轮的小车。看一会儿，转身到街这边一家店铺一家店铺地"检阅"，然后依旧会到自己最熟悉的那家店买东西，买几个馒头，或是拌一份儿肺片。有的等学校放学，接了孩子再来逛商铺。孩子跳着闹着要这要那，大人们忙着买这买那。大爷大妈们一侧的肩头，增加了一个大大的卡通图案书包。他们有时会陪孩子在街东头的小游园里玩上一会儿，有时会应孩子提出的要求，在这些小店里买几个卤鸡脚脚或是一碗凉面。

过玉林八巷就没有店铺了。街道有一个带弧形的转弯，在我的印象里，转弯处的那一排房子，从来就没有开过门。靠墙边有时是一个挨一个的小贩，他们将蔬菜摆在地上叫卖。有时，街道管理严格，会禁止沿街摆摊。街面沉寂几天后，又会热闹起来。玉林九巷和玉林十巷与玉林中横巷垂直相交，与生机勃勃的玉林中横巷相比，这些支巷非常安静。

玉林中横巷靠西这一段，又是怎样的一幅景象呢？

从玉林九巷开始，街道南侧又是一家连一家的铺面。西头第一家是程记瓜果，往东依次是蛋养家鸡蛋鸭蛋店、纸皮核桃店、乡村土猪肉店、金忠肉店、无名水产店、简阳五指山麻羊店、北方老面馒头店、山东炒货迁西板栗专卖店、眉山黄酥肉店、胖哥干杂店、马记唐家寺肺片店和杨记水果店。

有两位大姐蹲在地上卖鸡蛋。身后的店铺同时挂着几个招牌，分别是北方老面馒头、西米发糕和刘老板干锅，不知究竟主营什么。店门敞开着，店里地上铺着谷草，这是城市里罕见的东西。鸡蛋分品种分开堆放在谷草上面。旁边是乡下常见的大竹筐，筐子里面也放着鸡蛋。路边放着几个小塑料圆凳，顾客坐在小凳上一边聊天一边挑选鸡蛋。

这一幕城市田园气息吸引了我的注意。我也就坐了下来，装模作样地选起了蛋。听起来，这两位大姐有点亲戚关系，店主是刘大姐，卖蛋的好像是她的妹妹。店子上午没有做生意，就让给卖蛋的使用。卖蛋的大姐是泸州人，每周

· 街边休闲的老人

· 街边的幼儿园围墙也成为观景点

· 与玉林原住民肖宾老师街头偶遇

二和周五来这里摆摊，周一和周四坐车从老家带蛋来成都，就住在刘大姐家里。一次要卖两百斤蛋。鸡蛋分为两种，一种是吃谷子的鸡下的蛋，13元一斤。还有一种是吃酒糟的鸡下的蛋，10元一斤。谷子在泸州当地是1.3元一斤，而酒糟在酒城泸州就不值钱了。所以吃谷子的鸡下的蛋就比吃酒糟的鸡下的蛋贵一些。

我买了几个谷子鸡蛋，又买了几个酒糟鸡蛋，送到了父母家里。过了两天，打电话问父母鸡蛋如何，有何区别，电话那一头是老爸的声音："哪个有这么厉害，吃鸡蛋还分得清楚鸡吃的是啥子？"

不远处是卖核桃的铺子，一对夫妇在忙碌，女的坐在店门口负责销售，男的在店里负责收拾整理。12元一斤的米易核桃，个大饱满。老板亲自帮我挑选。一个个放在手掌上掂量，把太轻的淘汰，留下来的都是沉甸甸的大核桃。

他们的对面，也就是街道北侧，主要是卖水果和蔬菜的店铺，有时摊贩也把地摊摆在对面。地摊每天都不一样，处于随机的运动战状态。穿蓝色制服的城管队员会劝阻摊贩不要随地摆摊，态度比较柔和，没有强硬的语言和激烈的肢体动作。往往是一边用手机拍照或录像，一边不停催促："快点儿，快点走，这里不准摆摊哈。"而摊贩们往往也不生气，一边接过顾客的钱，一边说："要得要得，马上马上，这年头做生意不容易啊，等一下子嘛。"

街道北侧最有特色的当属那家叫绿鲜的菜店。店子不大，菜品也不是很多，却挤满了婆婆妈妈们，个个都在抢。店里设施简陋，其实没有什么设施，连塑料筐都没有。婆婆大妈们在店里转一圈，选好菜拿在手里，到人行道边上称重结账。一位男子坐在街边，将蔬菜一件件过秤，然后将菜麻利地塞入塑料袋里。

在这里巧遇老友肖宾先生，他家就在附近，也是来这里买菜的。对这一带了如指掌的他告诉我，这家店的老板是龙泉驿西河场人，会说客家话，成都人叫"打土广东腔"。所售蔬菜为龙泉驿的时令蔬菜，新鲜嫩气，售价与一般市价持平。每天早上两三点钟开始在当地购菜，六七点钟的样子，开一辆白色面包车送货到这里。中午12点前就销售一空，关门回家。我那天是上午9点钟去的，店里的菜已所剩无几了，看这阵势，估计10点前就可以收工回家。我拿出笔记本，记下了当天的菜价：

丝瓜3.5元/斤

苦瓜4元/斤

南瓜3元/斤

黄瓜4.5元/斤

西红柿7.5元/斤

莲花白3.5元/斤

豇豆6元/斤

剥了壳壳的青豆7.5元/斤

采购完毕，肖老师用他的电动三轮车载着我四处逛，这是玉林片区较高级别的待客礼遇。我手里小心翼翼提着刚买的鸡蛋和蔬菜，就像是巡游江南的皇帝一样开心。

新二村通锦桥巷菜市场

新与旧是一个相对的概念，新的会变成旧的，旧的曾经也是新的。时间如游标卡尺，慢慢推移，改变一切。

新二村就是一个生动的例子。

新二村在西体路、武都路、北较场西路和饮马河合围的三角地带，包括一所幼儿园、一所小学和几十栋老式居民楼。成都古城城墙和护城河在这里有一个奇怪的内凹，新二村正好在这个区域里。

我画了一张新二村的示意图。图中蓝色弯曲的线条代表护城河，也就是老城西侧的饮马河。注意看，新二村在老城墙区域的外侧。

新二村，是成都市区一个著名的老旧小区，具有活化石价值的城中村。但是，几十年前，这里是引领时尚的工人新村。

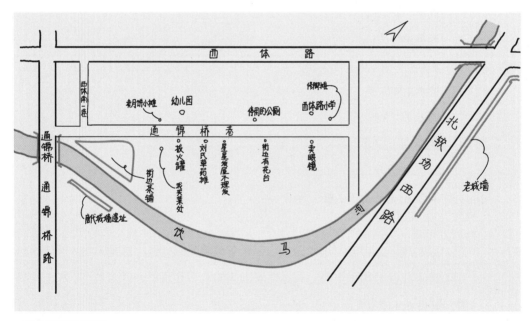

· 菜市场手绘示意图

20世纪50年代，为拆迁安置市中心御河沿岸、皇城坝，以及后子门等处住户，政府在十二桥和通锦桥分别修建了劳动人民新一村和新二村。新二村这一片，当时修的是平房和部分二层楼房。从当年的《成都日报》上刊登的文章及配图可以看到，小区整体规划不错，有较为完善的配套设施，比如幼儿园、小学，以及城市供排水系统等。比起同时期成都其他地方，算是比较时尚的居住小区了。当时，新闻媒体大张旗鼓地宣传报道，称赞这里是成都建设的一个样板，一面旗帜。

随着时间推移，新二村逐渐老化。改革开放后，大约是20世纪80年代，成都响应国务院城市工作会议精神，编制了新二村改造方案，并开始全面实施。将逐渐破旧的住宅全部改建为六层楼房为主的砖混结构楼房，并增加配套设施，由成都市建筑设计院设计，成都第一、第二建筑工程公司和成都市工业设备安装公司施工。其中住宅面积大约12万平方米，还有2万平方米的配套公共建筑。所以，重建后的新二村依旧是当时成都响当当的成片居住区。我记得，那个时候成都人的居住条件普遍较差，我们家就一直住在漏雨的瓦房里，从瓦房搬进楼房是1984年的事了。

三十年河东，三十年河西。新二村又变成了旧二村。

菜市场就在这一片区域里，如同埋在一栋栋楼房下面的种子，不知何时，从土里冒出来，沿街一步步自由发展开来，呈现出勃勃生机。由于规模过于庞大、布局过于复杂，我只研究其中通锦桥巷沿街市场这一小部分。

通锦桥巷东西走向，是新二村片区最长的街道。与之垂直的有西体南一巷，不知为何没有西体南二巷。小区内，其他道路就不是真正意义上的市政道路了，而是小区的内部通道。由于是开放式的小区，内部通道也就演变成了公共道路。菜市场自然生长起来，成为一个自由开放的露天市场。这一点，和工人村菜市场的形成非常相似。

我花了13元钱，坐滴滴从家里来到通锦桥头。下车步行从通锦桥路进入通锦桥巷。打滴滴并不是我的日常出行方式，这次只是想试试看，坐车过去大约要多少钱。

通锦桥巷在这一段是沿饮马河西侧延展的。路边有一栋6层的砖混结构居民

· 街头肉摊

楼，外墙整修过，统一安装了铝合金窗，增加了雨篷和空调外机隔窗，看上去像是新建筑。成都这些年开展街道外立面整治，给建筑穿衣服穿出了水平，穿出了经验。这样，老旧房子仿佛一夜间就变成了新房子，虽然，内芯依旧没有改变。

楼下临街的铺面有卖烤鸭和蔬菜的。河边一棵大树下，三个民工模样的中年男子在闲聊，有两位坐在电瓶车上，一位坐在河边青石栏板上。每个电瓶车上都有一个塑料桶，里面放着各式小型工具。桶上挂一小牌，上面写着：

装修
水电、瓷地砖、乳胶漆、
木工、砌砖、通下水道、
旧房翻新、开孔、防水

与西体南一巷交会的路口转角处，有一处专卖大蒜和生姜的摊点。这里的规矩是，如果不挑选，每斤11元，挑选的价格就是12元一斤了。用架管搭建的小棚里，有两位看上去70岁上下的老人，像是一对夫妇。再往前是一排水果摊，两层塑料方框上铺木板就是摊位了。青苹果10元3斤，梨子3.5元一斤，云南核桃8元一斤。水果摊用的是深蓝色的方伞遮阴。大家因地制宜、因陋就简，摊位的样式也就五花八门了。

水果摊对面就是河边露天茶铺，有七八位茶客悠悠闲闲地喝茶聊天。背后栏杆处就是饮马河，那是古代成都西侧的护城河。

往前，街道北侧是幼儿园，有些奇怪，为何取名叫圣心幼儿园？我测量道路的路面宽度是9步，北侧的人行道3步宽。北侧幼儿园围墙外是禁止摆摊的，不过，有一处卖月饼的摊点例外。一张绿色农夫山泉广告大伞下有一辆不锈钢的手推车，推车上有一块广告牌，上面写着：

匠心
昆明吉庆祥云腿专卖店

一位微胖的大妈坐在一张竹椅上，旁边站着她的老公，相对显得瘦小。他们是这里的原住民，没有新二村时他们就住在这里河边的平房里。修建了新二村后，就租住在政府的公房里。老公从成都33中毕业后到云南支边，回成都后就自己做点小生意。平日卖自家做的酥肉和茄饼，摊位就在街边。

说起酥肉，大妈一脸自豪："用的是资格肉，没有加添加剂和防腐剂，第二天就会变软。你看看一般的商店里的酥肉，放了几天都不会变软，梆硬。因为里面加的防腐剂太多。"大妈在中秋节前就只卖月饼。大妈说，她的月饼比商店里便宜接近一半，味道巴适得很。大妈一边说，一边从自制小推车里拿出一碗米汤喝了起来。

街道北侧没有其他摊贩，月饼大妈一枝独秀。但是，街道南侧的情况就显得比较复杂了。

南侧是一栋接一栋的楼房，都是六层的老房子。我测量道路的路面宽度为9

・不习惯用手机支付的老人

・刘草药的移动摊点

・星星发屋早已不理发了

・街头拔火罐

・买菜的老人像伪装的侦察兵

・弃用的公厕有迷人的外形

步。楼下有商铺，估计是破墙开的店。人行道虽然也是3步宽，但是与楼房之间增加了花台。花台大约4步宽，造型是北低南高，里面种的不是花而是草，应称其为草台。草台南侧高1米左右，商家就把这里变成了摊位，摆放商品。草台是一块块间隔的，在相互间的空地上画有黄色的线条，规定了临时摆摊的区域。

在这样的区域里，商家不约而同采用统一的展示和销售方式。用白色的泡沫板或箱子摆在地上，各种蔬菜分类放在里面，每堆蔬菜上插有一块牌子，上面手写价格，相当于民间书法比赛的现场。也有点像是军事推演沙盘上密密麻麻的位置标志。我们在反映二战的电影中常常会看到这样的场景。人行道上放一张小桌，桌上放一个电子秤，立个二维码牌子。老板忙着收钱，顾客争先恐后付款，毫无秩序，乱成一团。这里老人多，大多不使用智能手机，不用微信，支付现金。硬币放在手掌上，一个一个慢慢数，递给老板。老板一个一个再数一遍。如果有误，双方还要核对一次。我在一旁看得焦人，但大家却都习以为常。这是成都露天菜市场独有的混乱美学。

在单元出口处，一位大爷在卖中草药。手推车上有木制的小隔断，每个隔断里面放着不同的草药，像是大户人家女主人的首饰盒。大爷穿一双有耐克标志的黑色布鞋，一边抽烟一边看来来往往的路人。

旁边一位说普通话的大哥，在路边人行道上摆放了6张小塑料凳子，做起了传统中医治疗的生意。一位大姐坐在凳子上，看样子是来此享受拔火罐的常客。左右膝盖两侧各有一个竹筒，左肩后侧还有一个竹筒。左手不同位置还有三根银针。看上去，像是《三国演义》里身中数箭却英勇不屈的勇士。大哥一边热情散发资料，一边介绍他是治疗关节炎和风湿病的专家，经验丰富。治疗收费，会员是300元治疗10次，一次30元。大哥见我问得仔细，就关切地询问我哪里不舒服，得了什么病，需不需要马上试试。

老人们喜欢坐在星星发屋那个路口聊天。现在这里其实没有发屋，早已易帜为卖日用百货。不过招牌还没有更换，所以还是叫星星发屋。转角处有花台和竹椅，大家爱在这里歇脚。路边有两个大纸箱，里面放着城市里少见的蒲扇，一把6元，扇起来风里带有儿时的草香味道。

星星发屋对面，放着一排小推车，25元钱一辆。刘氏草药摊也摆在这里，据说是祖传四代的大山草药。没有看见刘氏，只有一辆电瓶车和写在纸板上的手机号码。看起来，刘氏应该是一位爱动脑筋又有些贪玩的人。草药也不铺在地上，而是堆放在电瓶车龙头上，坐垫和后轮架子上也都是草药。这样有许多好处：第一是不占地方，不是在地上摆摊，而是悬空展示。第二是节约体力，不用摆在地上，也不用弯腰收捡。第三，放在电瓶车上不容易被踩踏，也减少了被路过的人顺手捡走的可能。而且，这样展示非常醒目，又有些行为艺术的样子。

北侧，西体路小学的围墙外，有一座两层楼的独栋公厕，带漂亮的弧形雨篷和螺旋状外置钢楼梯。这原本是一处亮点，不知什么原因，如此优美的厕所却停止了使用。我希望未来这里改建为一处咖啡馆或茶馆。

小学围墙上有不少宣传标语，绿底白字，其中有这样几句：

"扎根本土，放眼世界"，培养具有家国情怀、国际视野的未来公民，我们一直在路上。

我手里提着刚买的蔬菜，仔细观看墙上的广告，在这自由市场突然看见这样高瞻远瞩的宣传标语，一下子把眼界和思想提升了好几个档次，此时此刻吃喝拉撒都是些小事，似乎不值一提。

我仔细看墙上的每一幅标语，渐渐感觉手上有些沉甸甸的。今天花了13.6元，收获如下：

韭黄少许　8元/斤

黄瓜一根　3元/斤

生菜两窝　3.5元/斤

胡萝卜两根　0.9元/斤

厚皮菜十多棵　0.9元/斤

冬瓜一圈　1.5元/斤

上海青六棵　3元/斤

在重庆鲜切面摊和邓邓卤菜摊之间有一个修脚摊，兼治灰指甲。一个红色招牌挂在榕树上，上面写着7天无痛祛除灰指甲。一位大哥坐在路边负责招揽客人。在他背后，一位红棕色头发的女子在给一位大妈治疗。用一种药剂在趾甲上反复涂抹。在修脚摊后面是一家叫东方恒基房产的二手房中介店，修脚摊估计是和这店的老板合作，借用门外的场地摆摊。易拉宝广告架，几个塑料凳，一张靠背椅和几个小凳，还有治疗用品架子，就是修脚摊的全部设备。估计收摊后，这些东西能存放在二手房中介店里。

按照实地考察的基本原则和方法，原本我都会亲自体验一下修脚的感受，但这次有点不放心。所以，当大哥不断劝我脱下鞋子看看脚时，我推说有点麻烦，等天气好再来吧。

旁边，有一排3间连着的店铺，不知什么原因关着卷帘门。门外有一长排摊位，垫着鹅黄色鲜艳的布，上面摆放各种厨房用具。按照价格分类，10元两件的在一个区域，10元一件的在另外一个区域。

一个小伙子第一次来这里推销眼镜。这是一种给老年人用的老花眼镜，但小伙子说这不是一般的老花镜，是用于看手机、看电视用的手机眼镜，15元一副。因为是第一次来这里卖，对早晨的顾客有优惠活动，买一副送一副。我想给小伙子建议，到横店或峨眉电影制片厂去试试，看看能不能当上群众演员，那样挣的钱估计会比卖眼镜多一些。

一位大哥在卖菜籽油，我搞不清楚上面写的黄菜籽油和新菜籽油有什么不同。听他解释了好一阵，大约知道菜籽油分为几种，黄菜籽油就是本地油，辣菜籽油的原料是从俄罗斯进口的菜籽，而新菜籽油是今年清明后上市的新菜籽榨的油。

考察即将结束之际，菜市场突然爆发出一阵阵欢声笑语。随即，砰砰两声闷响，空中飘下彩色雪花。不知从哪栋房子里走出来一对新人。新娘一身洁白的婚纱在这菜市场里显得非常醒目。新郎穿白色衬衣，手里搭一件西服外套。这几天成都热得出奇，西服是没有办法穿在身上的。周围是卖菜买菜的大爷大妈，他们停下脚步伫立街头，露出祝福的微笑和看热闹的满足感。新人走到一辆白色宝马车旁边，却不知从哪一侧上车。一位穿汉服的姑娘老练地指挥，新郎从左边上，新娘从右边上。我冒充婚礼摄影师，拿着手机，很严肃很投入很专心的样子，围着这群人拍来拍去。

新二村的新一代就这样走出了新二村。未来，还会有更新的一代。祝愿新二村生生不息。

手里有菜，回家打的，支付车费8元。不知为什么，回家的车费比来时居然便宜了5元钱。

茶铺

成都大茶馆，茶馆小成都。说到成都，少不了喝茶的话题。说到成都茶铺，人们会提到人民公园的鹤鸣茶社，或是百花潭公园、望江楼公园里的坝坝茶。其实，街边茶铺更能体现独特的城市风貌和市民性格。坐在街头喝茶，冲壳子、洗眼睛、晒太阳，不拘一格，道法自然。星罗棋布的茶铺，既是对街道功能的另类解读和智慧借用，也让城市街头过渡性公共空间充满迷人的市井气息。

北书院街茶铺

北书院街是我非常喜欢的一条老街，给外地游客和外国朋友推荐成都老街茶铺，我首选这里，而不是游人如织的宽窄巷子或人头攒动的公园茶铺。有一年，英国巴特莱特建筑学院在成都举办工作坊，我在工作坊里讲到了北书院街茶铺的案例。在谈到老成都公厕与街头茶铺的关系时，在场的外国专家教授们都颇为吃惊。这是任何教科书都里没有的城市微观历史和日常生活史。

唐代诗人杜甫在成都曾写过这样两首诗，一首是《宾至》，另外一首是《客至》。《宾至》写得彬彬有礼，客套里面带一丝距离感。而《客至》写得

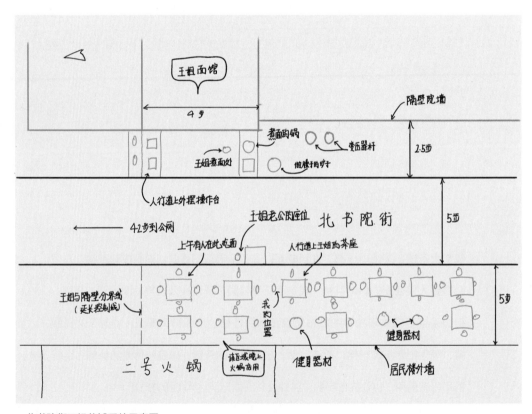

· 北书院街王姐茶铺手绘示意图

优美动情，质朴的诗句是内心情感的真实流露。成都街头的茶铺是介绍给好朋友的，相当于杜甫的《客至》。而大名鼎鼎的高档茶馆是商务接待需要的面子，相当于《宾至》的意思。

这里有主城区少见的原生态街头茶铺，原汁原味的风貌能够维持到现在，算是一个奇迹。这是城市田野调查的好地方，是了解老成都民俗的生动活体。许多人将这里和书院西街混为一谈，其实北书院街和书院西街没有直接关系，两者的空间距离很远。

100米的街道长度适合漫步。道路两侧的路缘石相距5步，大约有3.5米的街面宽度，这是过去成都小街的惯常宽度。北段东侧屋檐下有3步半宽的人行道。西侧没有人行道，取而代之的是楼房下临街商铺的三级台阶。西侧都是多层砖混楼房，东侧却还保留了一排坡屋顶的老房子，老式小青瓦，"人"字形坡屋顶。大约2米的出檐像老人颇有安全感的大手，默默罩着你，让屋檐下成为大家聚会的地方。老房子滋生不少的茶铺和小火锅店，而对面砖混结构的楼房下多是诊所、药店和按摩店。不过，最近也增加了几家火锅店。因为西侧没有出檐的遮护，门口的梯步又让人觉得上上下下不太方便，所以东侧的商铺没有一家茶铺。

在道路中段的西侧有一座公厕，厕所外立面与路缘石齐平，没有相邻建筑那样的临街退距。究其缘由，并不是修建厕所时占用了人行道，而是厕所修建在前，街道扩宽在后。东侧楼房修建时按照新的道路规划红线退距，而厕所由于空间不够，无法退距，原位保留。所以，出现了现在看到的奇怪现象。厕所顶部的出檐，已经伸到了街面上空。墙面有花窗形成自然的通风，这也是识别厕所外立面的主要细节。这是几十年前成都公厕流行的老样式了。现在的公厕设计，偏爱全封闭。排气扇抽风，鼓风机吹风，一副忙碌而劳累的样子，没有老厕所的从容安祥。

过了厕所往南是一个小区的大门，大门以南，街边建筑其实都是这个小区里的房子。由于建筑退距足够，这一段出现了7步宽的人行道，比北段东侧茶铺门外的人行道还要宽上一倍。在街道南端尽头的东侧，有大名鼎鼎的"三哥田螺"。三哥在街道东侧开铺子，在西侧摆位子，他要充分利用西侧宽阔人行道形成的空间，扩大有效的经营面积。三哥田螺的店铺非常小，顾客一般是坐在西侧的人行道上。我常常路过这里，看见一堆堆的年轻人埋头吸食田螺。但直到现在，我也不知道三哥是谁。

在这个空坝子上，白天可以喝茶打麻将，下午五点以后，茶客和牌友撤场，田螺的高光时刻就来到了。机麻桌子比较重，移动不方便，所以店家只将之稍微往墙边移动，盖上红色平绒。这样，既减少搬运麻将桌的工作量，又最大限度给晚上吃田螺的客人留出辗转腾挪的畅快空间。

这里的茶铺与旅游景点，和锦里、宽窄巷子的茶铺大不一样。这里房租便宜，老板都兼任小工、迎宾、保洁员和财务总监，大多数茶铺都没有请帮工，员工就是老板一人或是一家人。设施简陋，铺面大多没有装修。这就让茶铺营运维持最低的成本和最低的投入，这也就是北书院街茶铺的核心竞争力。老房子有屋檐，门前有大树，可以挡雨遮阳，构成一个相对隐蔽安全而且较为舒适的公共空间。悄然占据人行道，扩大了经营场所，同时，让茶铺与街道产生更加紧密的联系。早晨，太阳从东边照射过来，方位在茶铺的背后。下午，阳光从西边过来，被街道西边的楼房挡住，也照不到茶铺，这样的位置优势在夏天是留住客人至关重要的原因。

如何充分利用人行道，这考验商家的智慧，其中闪耀着民间创造性的思维火花。

条状的桌子相对比较窄，可以在两侧摆放竹椅。如果摆放吃火锅的方桌，那就只能搭配长条的凳子了。总之，只有合理布置和搭配，才能实现空间利用的最大价值。有不少店家在人行道上摆放菜架和炉具，将厨房的部分功能外移。这样一来，人行道的通行被基本隔断。不过，其实也没有人试图在人行道上行走。道路上几乎没有机动车行驶，北书院街变成了野生步行街，人们都在街面上自由漫步。人行道成为商家的室外空间，这在给商家带来好处的同时，也让街头充满活力和随意的烟火气息。

和旅游景点的茶铺以游客打卡式体验不同，在这里喝茶的人大多相互认识，熟人之间打打招呼，坐在一起喝茶聊天。价格便宜、交通方便，让这里成为本地茶客日常生活中不可缺少的重要部分。对成都人来讲，喝茶和吃饭睡觉、呼吸空气一样重要，一样习以为常。

·北书院街数量众多的街边茶铺

·街头麻将

·王姐与健身的茶客聊天

西侧的台阶占据了门口的空间，相比东侧，公共空间相对难以利用。但是老百姓总是充满创造性和空间想象力，有人对高高的台阶进行了局部自主改造，带一点技术革新或小发明的味道。他们把台阶一分为二，保留部分台阶功能的同时，把另外一部分台阶填平，形成了一个小型的观景露台。在露台上放一张小圆茶几和两张小椅，这样就可以和东侧的茶铺分庭抗礼或遥相呼应。

公厕斜对面有两家新开的小店，店主将老旧瓦屋顶换成了小青瓦样式的彩钢瓦。这种材料比老式屋顶有更好的防雨作用。我在网上查了查，这样的彩钢瓦每平方米的价格在50元到100元之间。相比街上其他屋顶上遮盖的各种各样塑料布、广告喷绘布，新店看上去更加美观，这悄然开启老街小资情调的步伐。这既是好现象，又是一个危险的征兆，未来的老街又会变成下一个望平街或大学路吗？

这样的街道宽度，人行道上的人可以和街道对面的人打招呼。自行车和电瓶车不需要放在专门的停车点，这里也没有专门的停车点。不论在何处坐下，车子就停在离人最近的街边。

变压器旁边是王姐的茶铺兼面馆，这让王姐的店充满能量。这里每天要消耗10多斤的肉臊子，可见生意之好。食客主要是附近上班族。周末天气好，来北书院街喝茶的人多，吃面的人也自然不少。王姐一边忙碌一边说："就我一个人在忙，累屎得很。"开水翻滚，烟火升腾，一脸笑容的她，不知是开心还是在抱怨。

王姐茶铺以北是一排铺子，往南是一座小院的围墙。这好比是长江上的一个分界点。分界点以北是上游，过了分界点就进入长江中游了。王姐茶铺对面是一家火锅店。火锅店南侧是青羊区文体局捐赠的健身器材。伸展器、太空漫步机、转体训练器、推揉器、双位扭腰旋转器、腿部按摩器、腰部按摩器、骑马机和伸腰伸背器在人行道上一字排开，小孩子喜欢把它们当作玩具，玩玩有些探险意味的游戏。

这对王姐来讲是得天独厚的地理优势，这也成就了她空间利用大师的美名。她将桌椅摆在对面的人行道上，火锅店白天没有开门，不会与她争夺地盘。她要巧妙利用这个时间差，时间换空间。对面往南的区域没有铺面，也没有人和她竞争。她独享对面18步长、5步宽的开敞区域。这里可以放下11张桌子，配上样式不统一的椅子和凳子。上午，店铺对面的四张桌子上放着保宁醋瓶和筷笼，筷笼里插满木筷，个子稍矮的是穿透明衣服的一次性筷子。我要了一杯5元的花茶，选了个中间的位置，这样便于四下打望。一个平头男子走到店门口，"炸酱，汤的，硬点儿，不要菜。"他对王姐说。"要得，坐一下。"王姐爽朗回答，把手里的云烟递到唇边，双手麻利地往面汤翻滚的铝锅里丢面。5分钟后，一对60岁左右的夫妇来到斜对面，在靠近健身器材的位置坐下。女的在单杠上吊着，不上不下，荡前荡后，做钟摆式运动。男的放下手里的塑料带，可以依稀看见里面的两个包子——圆得可爱，呼之欲出。他要了一碗排骨面，却不动筷子，轻推女人面前，说一声"来"。女人也不应，离开单杠，低头举箸。一言不发，似一家之主，有帝王气质。男子一边吃着包子一边喝茶，转头和王姐聊起了健康与锻炼。王姐说自己最近身体不错，各项指标都正常。"就是糖尿病，遗传的，没法。"王姐一边说，一边转头对着我笑笑。我坐的位置就在他们旁边。"烟呢，抽得凶不凶？"我问王姐。"不凶，包口烟。吞下去咋遭得住嘛。烟都是搞要，应付应付场面嘛。"王姐又笑，一口烟从口中喷薄而出，像是给我提供最有力的证据。

我琢磨王姐成功的生意经。勤快是第一重要的因素，里里外外一个人，人工成本降到最低。第二是有一个好的位置，街对面的公共空间可以充分利用。三是将卖茶和卖面结合在一起，实现收益最大化。外加王姐爽快的性格，一个人支撑一个店的生意，左右逢源，乐此不疲。

成都是一个大茶铺，北书院街是成都野生茶铺自然生长的代表性街巷。茶铺是一个小世界，在这里可以深入了解真正的本地平民生活。每一件事情都符合逻辑，每一个细节的处理都藏着秘密，火候拿捏和商业逻辑都在看似随意的谈笑之间。

只有在真正的生活中，我们才能懂得生活。

焦家巷茶铺

北书院街在古城北偏东的位置，属于古大城的范围。焦家巷在古城西侧，属于清代少城的区域。小巷原名上升胡同，有一位苏姓将军的宅院在此。《成都城区街名通览》里说，苏是满族额苏哩氏，译姓焦，所以民国后大家称之为焦家巷。

焦家巷茶铺严格来讲不仅是街边茶铺，还包括街面上的茶铺。在这里，你可以试试在城市的街中间喝茶，这是绝无仅有的奇妙体验。也许你还不明白这是什么意思，我详述如下。

焦家巷连接同仁路和长顺街，是由两条直路接一个弯道构成。从同仁路进入焦家巷，不转弯走到头，尽头就是茶铺。这样隐蔽的茶铺，外地游客是找不

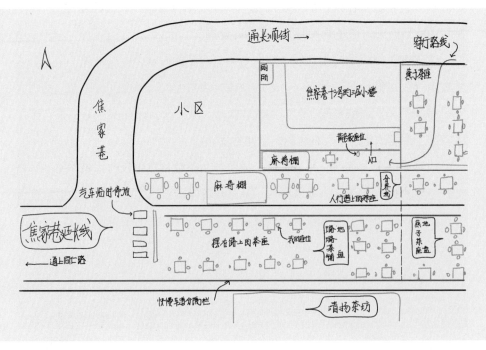

· 茶铺示意图

到的，这是本地人喝茶的窝子。

　　茶铺所在的位置是焦家巷直线道路的端头部分，只不过道路延长线还没有完全打通到长顺街，所以断头路末端在这里就悄然变成了露天茶铺。而在焦家巷穿行的车辆和行人，会在茶铺前面提前拐弯，沿老焦家巷的路线继续前行，直达长顺街。这新路的尽头因为没有来往行人和车辆的干扰，就成了本地人独享的世外桃源。

　　准确讲，璐璐茶铺开在焦家巷13号，这是一栋三层老式楼房。璐璐茶铺的核心区是在院墙里面。茶铺老板姓黄，从他的爷爷辈开始就住在这里。有一家单位在多年前想在这里修楼房，经过协商，占地建房，赔了黄家几套房子。黄家后来就一直住在修好的楼房里面，直到现在。

　　进院门，右侧是一张蓝色带点绿的木桌子，上面摆放一张木碗柜，碗柜门左右敞开，里面是整整齐齐的白瓷茶杯。院子西北角有两间厕所，这是喝茶的配套设施，必不可少。

·茶铺外摆区就在街中间

露天喝茶，实际就是在路中间喝茶。因为焦家巷直线延伸部分修到了这里，路面已画上了主辅车道分隔线，路缘石铺装完成，快慢车道分隔栏都已到位。三家茶铺共享这公共空间与并不长久的美好时光。

靠西的璐璐茶铺没有招牌。也就是说，三家茶铺里，没有招牌那家就是璐璐茶铺。往东，南侧是清扬茶坊，花毛峰、素毛峰、菊花茶、苦荞茶都是5元一杯。用盖碗茶具泡的竹叶青或碧潭飘雪是25元一碗。另外还提供盖浇饭，15元一份。清扬茶坊对面是燕子茶座，茶的价格两家基本一样，不过用盖碗茶泡的特级花茶和素茶，8元一碗，是燕子茶座独有的，这就有点错位定价、差异化竞争的味道了。

燕子茶座在三层楼房的东边，还有一道门开在焦家巷的另外一侧。占地面积不大，不过占有地理学概念上的天然优势。与清扬茶坊之间的街面都被燕子茶座占据了。燕子茶座与璐璐茶铺之间是以房屋的分界线划分的。也就是说，以房屋分界线的延长线来划分路面的地盘大小。因为，对于璐璐茶铺来讲，虽然东侧有燕子茶铺，不能越界产生邻里矛盾，但是可以适当往西拓展一些，因为西侧没有茶铺，是一个小区的大门。璐璐茶铺的对面也没有茶铺，所以，外面的道路，璐璐茶铺自然就一家独享了。其实，清扬茶坊有一块"秘密飞地"，在往西50米外的草地旁，这是我后来才发现的秘密。

我是在一个阳光灿烂的上午来这里喝茶的，因为要晒晒太阳，所以选择了璐璐茶铺。这是在仔细观察地形和阳光角度后做出的慎重选择。就上午而言，受光面积最大的是璐璐茶铺占据的室外区域。而且，你如果来得早，可以将车停在路边，也就是靠近璐璐茶铺外摆区的地方。那么，你就坐在自己的车子旁边喝茶，可以在第一时间看见交通警察。如果有警察来罚款，可以以最快的速度将车子开走，同时给警察献上几个笑脸。相对来讲，在这里喝茶比较安全。而在靠里的另外两个茶铺喝茶，因为离车子停放的地方相对比较远，缺乏安全感。

在房屋和道路之间是规划的人行道，现在是打麻将的地方。一个塑料大棚里，摆放着两排机麻，都用暗红色的锦缎盖着。如果按照专业的功能区布局规划来讲，将麻将区放在这里科学合理。

不知不觉就到了中午。我依旧原地不动，稳如泰山。要一碗炸酱面，二两的价格是10元。成都人在茶铺吃面，一般都是干炸酱面，不要汤水。喝了一肚子茶，不怕面干。我一边吃面，一边观察周围的情况。看光线投射的角度和座位的摆放情况，推测阳光变化的方向，另寻下午继续喝茶的最佳位置。时光，就是这样被成都人消磨得精光的。

　　其实，在上午喝茶的半天时间里，我和两位朋友分别见了面，谈了两件紧要的事情。外地人非常奇怪，成都人这么闲散，又如何能够支撑这城市的高速发展？这大概就是这座城市的秘密所在，无法复制、难以模仿。这怎么是一个"闲"字能够概括和总结的呢？

沙河曲水路茶铺 ·

和许多古老城市一样，成都依水而建，因水而兴，老百姓原本的日常生活离不开河流。即便随着时代发展、城市变化，用水方式和生活习惯发生改变，但成都人骨子里的亲水性格和爱水情结依旧存在。

河边喝茶是本地人的最爱。

在城东沙河北岸，三友路和虹波路之间有一条曲水路。

河岸边的沙河庭院小区和新兴苑楼下全是茶铺，我将之命名为沿河茶铺群。这样，看上去更像是研究大课题的样子。这样超高密度的茶铺布局，和北书院街、焦家巷都不太一样。其实，我想搞清楚，为什么这里有这么多茶铺，有这么

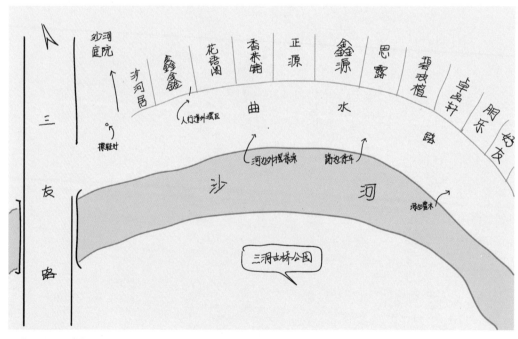

· 茶铺手绘示意图

多人要来这里喝茶？沿河茶铺群是如何自发成长的？这是我感兴趣的话题。

沙河流经这里有一个天然大弯道，茶铺群就在弯道处。河对岸有三洞古桥公园，风景颇佳。路过此地，人们不禁会放慢脚步，与流水河风的节奏同频共振。相对于府河和南河而言，我更喜欢沙河。沙河河道不宽，这样的宽度适合打造景观水道，两岸之间容易形成借景和互动。河道多弯曲，让景色多一些变化，水流也相应减缓，增添幽静舒缓的意味。府河和南河改造后，缓坡式亲水河岸基本消失，河道的自然野趣也就成为儿时的记忆了。沙河改造，最大限度保留河岸的自然状态。亲水植物生长，鱼儿在近岸处畅游觅食，而孩子们的双手可以触摸温柔的河水。这才是人类与河流之间最和谐的动人图景。

在这样的河边喝茶，自然多一份惬意和野趣。我仔细琢磨这份闲暇背后的道理。

从曲水路1号的沙河庭院小区大门开始，往东是一长排的多层建筑。楼上住户的窗户和阳台都加装了不锈钢防护栏，严防死守的态势在城市不少老小区都

· 临河的茶座

·寄生于茶铺的菠萝摊

·开设在居民楼下的临街茶铺

·卖豆花的流动摊贩

·擦鞋师傅的机动化装备

·街头掏耳

可以看到。而一楼临街面却是另外一番热情好客的景象。

一家挨一家都是茶铺，名字也是一家比一家好听，沙河居、鑫鑫、花语阁、香茶铺、正源、鑫源、思露、碧波檀、卓品轩、朋乐、好友等，我仔细统计，一共有11家。人行道边安装有不锈钢栏杆，与机动车道分隔开来，茶铺老板将桌椅摆到门外路边，这样，人行道就演变成了茶铺的外摆区。地面是0.6米见方的地砖，横铺4张，这样算下来人行道的宽度就是2.4米。机动车道有8步宽，河边靠绿化带一边其实也变成了临时放茶桌的地方，占了路面2步的宽度，剩下6步宽的路面，机动车基本可以正常过往。

临河品茗，头顶是老梧桐树茂密的枝叶，河对岸是三洞古桥公园，河岸内弯处是密布的鹅卵石。微风沿河床有一阵无一阵地吹过来，树上偶尔有细毛、碎枝、叶角或其他不明飞行物飘落下来。运气好，有东西直接降落在你的茶杯里，如同高水平的定点跳伞运动员。成都人咋怕这些嘛，拿起杯、站起身，走到绿化带边，将二分之一的茶水倒掉，转身、回位、续水、安坐，如同这一切都没有发生似的。这不变应万变的心态，是这座千年古城的核心竞争力之一，谁都学不像。

本地人喝茶总喜欢图方便，这是讲求实效的务实表现。喝茶本来就是休闲，如果太麻烦，就失去了意义和乐趣。如果是开车来的朋友，机动车就停在路边靠河一侧，尽量靠近绿化带。驾驶员一般都把车辆靠右侧停放，这样上下车比较方便，不受绿化带的阻挡。细心的驾驶员下车走出几步，会回头看看自己的车是否停好，有的会走回车边，将后视镜收起。

室外的空间由茶铺店面的宽度决定，以店铺两端的延长线为各家的分隔线。如果你在一家喝茶，就可以在这家对应延长线之间的路边停车，可以在对应延长线之间找位置坐下。这没有什么文件来规定，是一种约定俗成的默契。如果路边没有人喝茶，也没有人停车，老板会在路边放几张椅子或凳子，算是一种区域划分的记号，也防止初来乍到的驾驶员只停车不喝茶，坏了规矩。相当于自然界野生动物的领地意识。我并不常来这里，所以选择哪一家喝茶都是随机的，只要哪家有空位好停车，就在哪家喝茶，并无太多讲究。

茶铺之间既是竞争对手，相互间也在悄悄学习，亦敌亦友。在有些方面仿佛达成了高度一致，比如布置与陈设。为了节约占地面积，外摆区大多选用带玻璃台面、下铺桌布的小圆桌。圆桌的直径大多为0.6米，小巧实用，便于打理。但是椅子都非常大，基本上都是那种非常舒适的大藤椅，宽度有0.8米，带宽大扶手。椅子还配有坐垫和腰枕，茶客可以半躺在上面假寐。椅子和桌子的大小搭配看上去不太协调。在路边或茶铺门口堆放着各色塑料椅子，尺寸就小多了，这是准备人多时临时加座用的。

如果说成都人不算是太阳的儿女，那至少称得上是太阳的"铁粉"。晒太阳是成都人冬天的头等大事。天气好的时候，满街都是喝茶的人。女人一般喝菊花茶和苦荞，男人大多钟爱花毛峰。根据我的调研，各家茶的价格都差不多，主打产品花毛峰和绿毛峰都是15元一杯，贵一些的30元一杯，比如竹叶青和碧潭飘雪，最贵的茶大约四五十元一杯。鑫鑫茶铺最贵的是大红袍，50元一杯。小包间使用4小时一般只要60元，可以打机麻，其中还包含4杯茶。大包间要贵一些，4小时也不过80元。如果超过4小时，超时费是每小时20元，半夜12点后每小时是30元。写这些内容时，我感觉自己写的不是城市微观史，也不是建筑与空间，而是成都茶铺的商业调查，准备自己开一家茶铺似的。

我去喝茶的时候，都会遇见路边有几桌人在打牌，次次都有路人围观。由于人行道加装了栏杆，打牌的人在栏杆里面，观战的人在栏杆外面，这更添了赛场氛围和观看的仪式感。如果生意太火爆，桌子不够用，店里还提供一种折叠小木方桌，也就是常说的翻板桌。

喝茶打牌可以在室外，但是麻将没有摆在路边，而都是在茶坊的包间里。包间大多没有关门，大约是为了保持里面的空气流通，同时，对成都人来讲，打麻将没有什么值得大惊小怪的。麻将声稀里哗啦响成一片，如同阵阵海浪拍打岸边礁石般悦耳动听。

我的周围都是喝茶的人，姿态万千。一位年轻小伙儿，穿一件竖条纹带绿色暗花的衬衣，戴白色外耳罩耳机，脚边一条褐色小狗，手捧一本精装书，半蜷在椅子里，独自逍遥。旁边，一桌中老年妇女一边吃瓜子，啃鸡脚脚和鸭脚脚，一边东拉西扯，聊完房子聊儿子，聊完儿子聊孙子，周而复始，乐此不疲。

擦皮鞋的师傅风尘仆仆而来，从电瓶车上取出擦洗干净的鞋子，交给客人。又从其他客人脚下取走要擦的鞋子，绝尘而去。卖菠萝的师傅也来了，大菠萝15元一个，小菠萝10元一个，都是包削皮。现场削皮一个只需要2分钟，动作干净利落。卖豆花凉面的大哥也来了，一碗豆花6元，一碗凉面7元。掏耳朵的师傅在一旁专心致地的工作，30元掏一对耳朵。这就是极普通的成都一日。

　　沙河沿岸分布有大量的居住小区，提供数量巨大的喝茶适龄人。住家到茶铺的超短距离和低廉的茶价，让天天喝茶和人人喝茶的心愿成为现实。在这样的前提下，大规模的茶铺聚集成为可能。茶铺的聚集效应，会吸引更大范围的茶客聚集，而河道开敞的视野，消解了人群高密度带来的拥挤和不适。街道和河道景观的融合，让喝茶增加了观察城市、调节情绪、丰富视觉美感的内容。这是其他类型茶铺无法具备的优势和核心竞争力。

人民南路桥下茶铺

　　成都人大都喜欢在河边品茗，但也有人偏爱在桥下喝茶。河边有风景，桥下又有什么呢？

　　这里所说的桥主要是指城市的大型立交桥。这原本是不太好利用和管理的边缘化公共空间，但成都人让立交桥充分发挥交通功能的同时，让桥下也生机勃勃，充满商机。众多业态在桥下生长，其中就包括茶铺。这里是深入了解城市民俗的好地方，总给人一种藏着秘密的感觉。

　　人民南路跨二环路有座立交桥叫人南立交，桥下有好几家茶铺。我去的是一家叫大安坊的茶铺。其实，这家茶铺还有一个名字叫石墙布衣。为什么一个茶铺有两个名字呢？老板解释了半天我也没有搞清楚原因。我只听清楚她说这个大安和北门大桥那个大安茶铺没有半毛钱关系。

　　茶铺在立交桥靠北侧的位置，茶铺的屋顶就是大桥的桥身。大跨度的预制构件成为茶铺坚固厚重的结构支撑，这是工程美学和大型装置艺术的结晶。茶铺分为室内和室外两部分。我要了一杯菊花茶，选了屋子中间的位置坐下，这是进行四下观察的好位置。不到两分钟的时间，女老板将一个玻璃杯和温水瓶放在我的面前。玻璃杯里面有飘在水面的几朵菊花。保温水瓶是鉴朗牌，蓝色鸭嘴塑料外壳，是2020年8月南京一家企业生产的。桌面上还有一个蓝色的有机玻璃的价目表，花毛峰7元一杯，铁观音贵一些，25元一杯。老板是一位五官精致的女性，看上去年龄在35岁到40岁之间，中等个子，穿一件黄色卫衣，外加一件黑色羽绒背心，显得非常精干。

　　室内西侧是一排包间，窗户全开，只用窗帘遮挡视线。里面传来阵阵稀里哗啦的麻将和牌声，以及啪啪的出牌声。时不时有人拉开乳白色窗帘，探出头，说一声："老板，拿包烟。"老板也不用问什么烟，她对每座客人的习惯了如指掌。在柜台取了一包烟，走到包间门口，不用敲门，将一只手从开着的

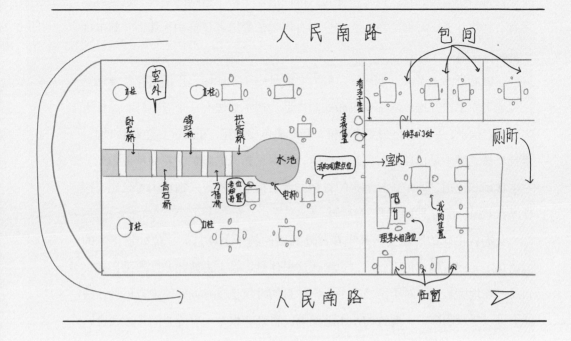

· 桥下茶铺手绘示意图

窗户伸进去，轻微踮一下脚，增加有效高度和长度，从屋子里面将门打开。人进去，两包软包装的玉溪烟上下叠着放在绿花花的麻将桌上。并不马上退出来，而是站在桌边看看牌局，闲聊几句，再单手提着保温水瓶，看看是否需要续水。

屋外部分一直延伸到桥下机动车回头弯处，这一片区域太大，所以茶座只摆到大桥立柱的位置。茶坊门口是一个大水池，池里没有水，干枯许久的样子。池子连接一个水渠，水渠自然也没有水。这干枯的水池和水渠连在一起如同一把勺子，静静躺在桥下，舀着空气。水渠之上，依次排列着五座桥横跨水渠，大概是模拟旧日成都河道上的桥梁样式。第一座是拱背桥，一座带弧度的石桥。第二座是万福桥，尺寸比拱背桥大许多，是一座木质廊桥。接下来是锦江桥，传统石拱桥样子。往下是青石桥，不是青石做成，而是混凝土平桥。卧龙桥在青石桥旁边，也是拱背桥样式。再往远处是桥下道路回头弯，远远看见还有石牌坊在道路对面。左右立柱分别有何鸭子餐馆老建筑和暑袜街老邮电局建筑的浅浮雕。

三位老者围着茶桌抽烟闲聊，每人面前是一个玻璃杯，里面有花茶浮动。一位老者左手边并排放两部手机和一盒香烟。在水池边有一个老电杆，电杆下坐一位老操哥，头戴白色耐克棒球帽，身穿黑色皮夹克，里面配白色圆领T恤，修身黑裤，脚下是白球鞋。跷起二郎腿，看得见光光的脚踝泛着白黄色微光。左手食指和中指之间是长长烟蒂的香烟。无名指上一枚银戒指也闪着微光，这样黑衣老操哥在桥下茶铺显最得耀眼。

女老板忙碌的间歇会出来坐在门外靠西的椅子上休息。一位60岁上下的清洁女工，穿着橘黄色工作服，也坐在这里休息。看上去彼此非常熟悉，有一句没一句地聊着天。对于清洁工来讲，休息的时候也没有太好的地方可去，茶铺里可以躲躲阴凉，不要钱的开水随便喝。看来老板是个有爱心的人，话说回来，和任何人都能相处，这是做好生意的基本要求和必备条件之一。

为什么有不少人爱来桥下喝茶呢？桥下空间有相对的安全感，有一种被包裹的隐蔽意味和半地下的神秘感，似乎不为人所知。这里以道路与周围建筑群分隔开来，有形成相对独立空间。桥下商铺的租金一般比同样地段的商铺便宜，经营的成本相对低一些，茶水的价格也会便宜一点。而城市立交桥都在交通重要节点，对周边的影响辐射面比较广，交通大多便捷，通过公共交通来这里，一般都比较方便。

沙河边的茶客喜欢美景，立交桥下的茶客看重隐蔽。街边茶客群体有不同的细分领域，这让城市的研究内容更加丰富有趣。也让城市的茶空间有因地制宜的千百种变化，城市街道的形态自然就更加多姿多彩了。

铁像寺水街陈锦茶铺

要在成都南边的新区找个露天茶铺太不容易了，脚都要跑断。

铁像寺在成都高新区，靠近天府一街和剑南大道。明代万历十八年（1590年）在地下挖掘出铁铸的释迦牟尼像，就修建了一座寺庙供奉，取名铁像寺。现在的寺庙建筑是近年重建的，铁像寺水街是围绕铁像寺打造的商业街区，依托肖家河水道，故名水街。虽然和真正意义上的城市街边茶铺的概念有所不同，但陈锦茶铺在成都新城区独树一帜，值得研究一番。

这家茶铺是以一位摄影师的名字命名的。陈锦是本地一位有名的纪实摄影家，代表作品就是成都的老茶馆影像。1992年出版的《四川茶铺》摄影专著，收集了成都及周边上百个市县场镇的大大小小数百家茶馆影像。看来他自己也

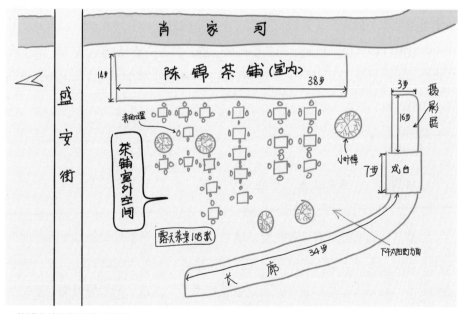

· 茶铺室外空间手绘示意图

喜茶，这家茶铺选点极好，东靠街区主道，南临肖家河，西依戏台，北面长廊。一个春日的下午，与一位多年没有见面的朋友相约，我特意赶到这个地方见面，好顺便感受一下城南茶铺的滋味。

陈锦茶铺分为室内和室外两个区域。靠河边是室内喝茶的区域，建筑是川西传统民居样式，在里边的包间里推开窗户就看得见肖家河。屋外靠盛安街的大坝子是露天喝茶的区域，但在露天喝茶是看不见肖家河的。西边有大戏台，传统样式，高大气派。走近看，戏台是一个边长7步的正方形，高度为1.35米。戏台上没有出将入相的设计，看来并不是用来表演传统川戏的。戏台下有铁像寺路88号的路牌，所以我把这里也归为街边茶铺的范围。戏台两侧有长廊相连，它们和茶铺室内区建筑形成半包围的"抄手"势态，露天喝茶的区域就在这半包围的温暖怀抱里。我悄悄数了一下，露天坝子里有茶桌108张，一张桌子喝茶的人数从一人到六人不等，这就可以大致估算出茶铺容纳茶客的数量了。

茶铺坝子里有6棵小叶樟树，树干胸径接近一个足球大小。早晨，暖洋洋的阳光从东面照射过来，毫无遮挡地铺洒下来。下午，刺眼的阳光从西面过来，被戏台屋顶和6棵银杏树组成的遮阳系统减弱了力量，变得轻柔和斑驳。这样，即便是夏日午后，茶客也可以悠闲地在树下喝茶。坝坝茶有14个品种，价格从18元（素毛峰）到38元（特级竹叶青）不等。此外，还有18元一位的白开水和18元一碗的红糖冰粉。包间区的茶要高档一些，白茶一壶是180元左右。这里夏季的营业时间是从上午9点一直到晚上11点，冬季要少两个小时，从上午10点到晚上10点。

包间入口写着：

陈锦茶铺——常来谈点大事的地方

成都茶铺向来就具有多种社会功能和社交意义，而不仅仅是打发无聊时间的地方。谈小事就不要进包间了，就在坝子里喝18元的素毛峰吧。这里自带杯子来喝茶，白开水也是18元一位，这也就打消了天天自己带茶杯喝便宜茶的可能性了。

· 新城区的茶铺是年轻人的天下

　　戏台两层长廊的设计有些奇怪，它和戏台的位置关系让人费解。坐在长廊看戏台其实不太方便。四川犍为县古罗城的风雨长廊在戏台两侧，人们可以在长廊里看戏、打牌和聊天。我实地测量这里长廊的尺寸，宽度为3步，显得稍微有点窄。里面摆放大多是0.7米的木方桌，配4张椅子。这里的椅子是传统的竹椅，前后长0.6米，加上人腿部自然弯曲时所占空间长度0.4米。茶客面对面坐着，加上桌子的尺寸，占地至少2.7米见方，明显长廊的宽度并不太适合摆设桌椅。

　　来这里喝茶的中年人和年轻人比较多，老年人很少，与老城区茶铺茶客的年龄构成大不相同。有不少茶客背着双肩包，带着手提电脑来喝茶。这里不再是退休大爷的天堂，而是设计师和程序员的最爱。

无茶不成都。一副简短的对联放在戏台两侧，上面白纸黑字分别写着"余生很长"和"何事慌张"。新区的上班族都是快节奏，有加不完的班和挣不完的钱。常来这里喝茶，除了感受地方民俗文化外，说不定还可以让自己多活几年。

　　对比成都几个街边茶铺，我们会发现城市新区街边茶铺的一些秘密。

　　高额的租金，大体量的建筑设计和街区规划，严格的城市管理，让老成都自然生长的街头茶铺在这里几乎失去了存在的可能性。老城区几元一杯的茶，在这里的销售价格大多二三十元。茶客也从老年人变成了埋头操作手提电脑的年轻人。而陈锦们已不会每天亲自为客人们掺茶倒水了。传统茶铺的消失，其实预示城市特质的消失。街头的传统生活美学和烟火气，也在这井然有序的城市发展和严格管理中逐渐消失。

公厕

厕所似乎与美学无关，但生活中吃喝拉撒的大事情无法让它缺席。街头的公厕曾是老成都极为重要的公共空间，现在，依旧在城市生活中发挥着不可替代的作用。其发展和变化，折射出时代的进步、人性的关怀和审美趣味的多样性。评价一座城市是否表里如一真正美丽，考察其厕所往往能够得到准确的答案。

大安东路太升桥头公厕

　　社会在变化，厕所也在发展。走在成都街头，时不时会遇见相当巴适的公厕。

　　在太升桥南头东侧，也就是太升北路和大安东路路口转角的绿化带上，有一家名为小有的咖啡店。这里离我父母家非常近，我常常路过，也在这里享受过几次。不过，每次喝的都不是咖啡，而是茶。有时喝红茶，有时喝绿茶，还

　　·下沉式公厕的上面是咖啡馆

有的时候喝点花茶。入乡随俗，成都的咖啡馆大多都会卖茶。

咖啡店门口有棵大树，好像是槐树吧，反正不是楠木或银杏那些较为珍贵的树种。不过，这也正好显出亲切的平民气息。弯曲的树干羸弱中带着几分西施的妩媚。树下随意散摆着几张玻面小圆桌，抽烟的客人喜欢坐在这里。靠府河一边有两间独立的房屋，没有按照通常的做法打通内部空间。临河有敞亮的玻璃，坐在里面可以眺望锦江和太升桥。这样的布局有一个好处，几个空间相互不受干扰，但又保持整体的连接关系。

我们一大家人爱来这里聊天，都是标准的成都大嗓门。特别是年逾八十的父母，说话的音量估计超过65分贝。大家在一间屋子里高谈阔论，随着话题的深入或争论的不断加剧，说话的音量也不断提高。但是，这样的建筑格局对隔壁房间的客人基本没有影响。这里也自然成为家庭辩论会的首选之地。

比咖啡店更吸引人的，是这里的厕所。这是我重点研究的课题。

咖啡店旁是一处下沉空间，公厕就在下沉区域里。我们既可以说这里有建在公厕上面的咖啡馆，也可以说有建在咖啡馆下面的公厕。准确讲，厕所的正上方并不是咖啡店，而是坡状的草坪，草坪与咖啡店相接。从专业的角度来讲，公厕分为固定式与活动式。固定式又分为独立式和附属式。这个厕所原本属于独立、固定样式，早于咖啡店建成。但有了咖啡店，它似乎成了配角，又变成了带附属形式的厕所了。

对于普通人来讲用不着区分主次，也不必研究什么功能分区，只需体验城市公共空间实实在在的舒适与方便。

我把咖啡馆、草坪和厕所看成一处空间的组合，这处组合区域占地长度为40步、宽度为18步。路边有一段0.85米高的矮墙，将人行道与下沉区分开，同时也起到了景观围墙的作用。顺着14级台阶往下走，就是地面之下的厕所了。每个台阶的高度为0.1米，上下都非常省力。这样的台阶高度在大型剧场和体育场馆的出入口常常看到，较低的台阶高度可以有效提高通行的安全性，降低跌倒的概率。而这样的阶梯充满仪式感，让上厕所有一种进入会场的期待和气场。你在往下走的同时，仿佛会有庄严的音乐回响在耳旁。这让人步伐坚定，有一种满怀信心的豪情。

紧挨梯步是靠墙的坡道，如果你是往下走，坡道就在右侧。为了让坡道尽量长一些，相对平缓一些，设计师特意设计成了蛇形坡道。这样，让坐轮椅上厕所的残疾人和老年人感觉轻松方便。而蛇形坡道在我眼里充满艺术味道，有千变万化、含蓄柔美的含义在里面。上厕所变成一种穿越山林的诗意之旅。坡道一侧的栏杆高1.1米，这都是比较标准和人性化的设计。

回到地面，沿喇叭口混凝土曲梯迂回而上，可以轻松到达二层平台，也就是咖啡馆的屋顶。屋顶有座椅和小桌，配有遮阳伞，人们可以在这儿喝茶聊天，左顾右盼，看河水流淌，观街道滚滚车流。楼下瘦瘦高高的大树探着身子想和你说话，摇曳多姿，触手可及，让公厕和咖啡馆顿生浪漫情意。

有趣的是，上平台的梯步要高一些，每个梯步高0.15米，比往厕所走的梯步要高一点点。设计师为什么会这样设计呢？也许设计师考虑，上厕所要考虑老年人方便，而上二楼喝咖啡的，主要是年轻人，他们健步如飞，高一点的楼梯应该没有太大问题。

仔细观察，在这里喝茶喝咖啡的人看上去并不像这附近的老住户，推测大多是周围办公楼里的年轻白领，或是路过此地充满好奇心的行人。老住户也常常来这里，但并不进店消费。他们坐在七八米开外的混凝土长凳上，因为长凳上铺有一层木板，所以久坐屁股并不感觉凉。老人们常常有小狗蹲在脚边陪伴。他们和脚边的宠物像军事观察员，静静地看着咖啡馆进进出出的年轻人，或是观赏一场没有情节的免费露天演出。而楼上楼下喝咖啡的年轻人也觉得这老城区处处都是风景，聊天中不时打望行走的路人，以及坐在不远处正看着他们的老人。老人们有所不知，他们也成了风景中的风景。

无论是前期的厕所修建，还是后期的咖啡馆开设，都能感受到设计师们的用心。在考虑实用性的同时，兼顾美感和周围环境的协调。在细节的设计和处理上，充满人性化的思考与关怀。每次开车路过，我都会看上一眼，欣赏大树下小店温馨的发光字体和浅色遮阳伞。步行经过，则会放慢脚步，心里想，要不要进去喝上一杯，或是上个厕所来表达对设计师的敬意？城市的建筑能够让人百看不厌，方便抵达，使用轻松，不就是优秀的作品吗？

茅房和茅房顶顶上的咖啡馆都这么漂亮，这座城市还能不漂亮吗？

天仙桥北路锦清亭公厕

　　顺府河继续往下游走，在东门大桥附近有一个名字文雅、名气不小的公厕叫锦清亭。早就听说厕所里面放置了自助健康检测机，用手机扫描之后就可以获得尿液健康试纸，通过尿液在试纸上的反应可以快速检测一些健康问题，心向往之。

　　公厕距离新的锦江码头很近，官方名字叫"东门码头公厕"，房子看上去与吴冠中画作里江南民居的侧影有几分神似。两棵大黄桷树舒展的枝叶下，人字形的屋顶搭配墙体的线条组合造型，有一种诗意的美感。房屋长20步，

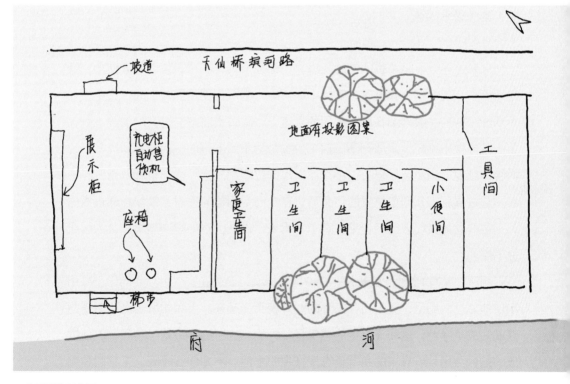

· 公厕手绘示意图

宽4步，建筑与河道之间的距离为5步。

　　进门有一小厅，估计借用了会客室的设计理念。靠落地玻璃侧是一张小圆茶几，配两把靠背椅，让人感觉是到熟悉的朋友家做客，而不是上厕所。另外一侧靠墙处有旅游特色产品的展示架和销售饮料的自动售货机。不过，我四处寻找，并没有看到向往已久的自助健康检测机。靠厕位一侧的墙上高高悬挂着大屏幕，显示如下内容：

温度：30℃

湿度：52%

氨气：优0.10PPM

硫化氢：良0.03PPM

剩余蹲位：3

今日客流：324

本年累计客流：173424

　　屏幕上还会显示蹲位的实时状态，让你知道具体哪个蹲位没有人使用。我运用街头考现学的方式发现，等候上厕所的人都没有使用屏幕上的侧位空置显示功能。他们一般都站在厕位外面的过道上，眼睛看着每一道门的动静，好在第一时间做出判断，采取行动。这个位置是看不到屏幕的。而要看到屏幕上的内容，就要退到小客厅里去。小客厅距离厕位要稍微远一些。也就是说，在小客厅通过屏幕得知厕位空置的信息后，在走向空厕位的途中，等候在通道里的另一位心急如焚的人已经捷足先登了。看来，设计师对如厕心理学和行为学研究不深。

　　厕所一共有4个独立的厕位，没有区分男女，此外还有一个独立的男士专用小便池。进入厕位，关上门，门外的红灯就会亮起来。上完厕所出来，门外的灯就变成了绿色，这和飞机上的感觉是一样的。厕所的尽头是工具间，里面堆放的是保洁用具，靠墙的角落设有洗拖把的水池。不知什么原因，工具间和厕位里都没有设计通风通气的窗户，只有依靠排气扇不停地抽气换气。过道墙面上有山水画装饰，让厕所看上去充满艺术气息。地面有灯光投下的影子，影子中有水墨的鱼影在游动。走在过道里，如同走在水面上，有些恍兮惚兮的感觉。

从厕位出来，一身轻松。走到小厅，回头看墙上的大屏幕，氨气显示为"良"，指数变成了0.30PPM。一位年龄40岁上下的女保洁员正在忙碌着，放下手里的活向我介绍，氨气和硫化氢的指标一大早最好，一般都是"优"，到了下午常常就会变成"良"。来这里上厕所的人在节假日最多，最高峰一天接近千人。

·厕所内部装饰及光影效果

在工作人员仪容仪表规范里，我看到有工作服不得挽起衣袖的要求，不知是何缘由。而在厕所作业标准化流程里，对厕所垃圾的作业流程与作业标准要求是这样的：

清收垃圾桶—清洗垃圾桶—擦拭水渍—套垃圾袋。
桶内垃圾不能超过桶高2/3，垃圾桶沿和桶周边无垃圾。
早中晚高峰每隔15分钟巡视一次，其他时间30分钟巡视一次。

而公厕门的清洁作业流程是先擦拭门楣，再擦拭门把手，然后擦拭门面，最后是擦拭门框。说实话，一般的家庭卫生打扫也没有这样规范和讲究。

厕所入口有一个小细节值得一提。在道路和路缘石之间有一个小斜坡，自行车和轮椅可以轻轻松松上到步道。步道和厕所入口间也有一个小斜坡，形成了无障碍通道。这样，道路上的非机动车——主要是残疾人和老年人的轮椅，可以非常方便地进入卫生间。

　　我推测这间厕所的设计师是一位年轻人，注重设计的美感，方案中充满了新意。但实际使用会发现有诸多可以改进的地方，自然通风需要加强，类似销售饮料的设施可以取掉，灯光投影在地上的鱼似乎也没有太大的意义。这样的公共空间和公共设施，以简洁和实用为基本要义，以此为基础产生的设计美感才不会让人感觉突兀与多余。按照城市公厕设计标准的基本要求，公厕的设计应以人为本，并遵循文明、卫生、方便、安全、节能的原则。设计师真正领悟并把握好这个基本原则，才能设计出既实用又好看的厕所。

临江西路锦江大桥公厕

　　沿南河南岸一路往西，过锦江大桥桥头就有一座公厕，名字叫锦江大桥公厕。

　　这座厕所的编号是武侯-023。公示栏上写着厕所开放时间是0：00—24：00，产权单位是武侯区综合行政执法局，管理单位是武侯区城市市容保障中心。在我的印象中，成都市区公厕大多全天开放，但为何要使用0：00—24：00这样复杂的表述呢？

　　男士蹲位是3个，小便站位3个，女士蹲位达到6个。虽然不是两层楼的设计，但是设计师将管理人员房间巧妙安排在门外侧边凸出部分，与厕所分开，单独开门，并有独立的开窗，有利于通风换气，提高了管理人员临时居住的舒适感和卫生条件，使其工作起来也比较方便。外墙也同样是密布花箱，绿色植物布满外墙。

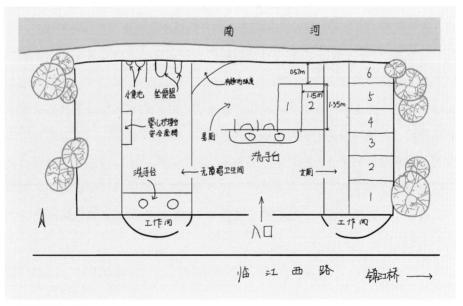

· 公厕手绘示意图

厕所里的无障碍卫生间是最大亮点。无论是坐便器、小便池，还是洗手盆，均为一大一小双配置。并有婴儿护理台和可折叠儿童安全座椅。可以想象大人带着孩子一起来这里上厕所的快乐样子。我敢说，孩子一定会喜欢上

·无障碍卫生间内部设施

这里，把上厕所当成上公园般。这样的厕所间准确的名称叫"第三卫生间"，英文是family toilets，方便老人、幼儿及行动不便者使用的。

按照《城市公共厕所设计标准》，一般来讲，女厕位与男厕位的比例不小于3∶2，其中男厕位是包含小便站位的。也就是说，按照这个标准，这个厕所里男士蹲位是3个，小便站位3个，那女士蹲位应该达到9个才符合标准。显然，目前这是个不太容易实现的比例。按照国家标准，单排厕位外开门走道宽度宜为1.3米，不小于1米。但是，这里男厕所的单排厕位外开门走道宽度小于1米。我一边上厕所一边思考，厕位外开门改成内开门是不是会更加科学一些呢？

我观察成都的公厕，发现设计师对厕所的外观设计、植物搭配和内部装饰风格普遍都比较重视，但对使用功能中一些细节考虑还不够精细。一些问题在实际使用中才会逐渐显现出来。对设计师来讲，经验的积累和日常观察就显得非常重要了。使用中的不便对于普通人来讲是一个难以解决的问题，而厕所的管理者似乎对公厕设计上的缺陷大多也无能为力。而公厕反映的是一个城市文明程度和管理水平的高低。容易忽略的设计细节往往是设计师要重点关注的地方。也许，设计师会说："我们咋个晓得这些嘛？"那么，就请来厕所亲身体验一下吧。

滨江西路公厕

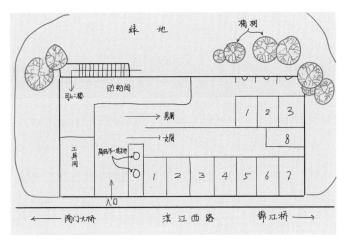

·公厕手绘示意图

朋友们知道我喜欢研究厕所，常常提供重要情报。严丁先生是老成都，熟悉成都的桷桷角角，他时不时推荐一些有名堂的厕所给我。

滨江西路5号公厕在锦江大桥和南门大桥之间，离严丁先生的家不远。

这是独栋的两层楼房，傲然矗立在林中绿地里，颇有点大户人家豪华别墅的气质。

一楼为厕所，二楼则是管理人员的用房。路边看到的是圆弧形的入口设计，门窗都是古色古香的中国传统民居样式。临街外墙竖置花箱，内种植物，满墙四季常绿，让厕所看上去像是原始森林岩壁上的岩洞。"岩洞"右侧洗手台盆高低布置，一面大镜子让室内敞亮许多。镜子上方不知为何挂一幅大慈寺的彩色照片，显得有些突兀。烘干机的位置有些高，个子矮些的人需要将手举得老高。这是锦江区的旅游公厕，设施和管理标准比一般的市政公厕要高些。墙上悬挂的"质量标准"上写道：

无烟头纸屑、无阻塞、无尿垢、无积灰蛛网、无积水、无臭味；墙壁净、蹲位地面净、隔断净、设施设备净、室外环境净、管理用房整洁干净。

保洁原则是从上至下，从里至外。

"从上至下，从里至外"，这原则看上去颇有些哲学的深意，什么事情，把握了原则就把握住了精髓。保洁员领悟了这八个字，厕所保洁工作从思想上也就有了保证。

非常有意思的是，厕所里男士蹲位一共只有3个，女士蹲位却达到了8个，这样的男女蹲位比例在成都公厕里并不多见。

而更让人没有想到的是二楼的设计。二楼入口在小楼的背后，在人行道上是看不见的。从外置楼梯可以直接上到二楼，而不需要从一楼厕所穿行。这是高规格的"外跃"设计。二楼的功能是管理人员的生活区域。一条通道直通露台，通道内有简单的灶具，管理人员可以在这里自己做饭。通道一侧有供员工休息的房间。站在通道尽头的平台凭栏眺望，透过梅树远观河景，这是成都绝无仅有的公厕体验。这二楼的格调和风光有近似临江独栋别墅的气韵。如此人性化的设计，让在这里工作的大爷大妈们也许一辈子也无法忘怀。

现在的公厕在往标准化方向发展，将来各处的厕所大多会是一个样子了。将来，人们可能会怀念这些有个性的厕所，它们在带给人们不同体验感的同时，留给我们深刻而美好的城市回忆。

成都的厕所，不丑也不臭。

·滨江西路公厕上下两层设计

枣子巷公厕

　　枣子巷名字的由来应该和枣子有关，据说街上过去有大枣树，树上又大又甜的枣子给成都市民留下了许多美好的记忆。现在，枣子巷经过改造，成为一条没有枣树的特色街道。

　　我对枣子巷原来的样子没有什么记忆，这条街道原本并不是我研究的重点。

　　小巷改造后，我来逛过几次，让我印象最深的，并非重点打造的中药铺子。除了一座街边小亭让我痴迷外，可圈可点的就是街头的公厕了。这也是我在这条街上最意外的发现。

　　枣子巷分为两段，是一条"L"形拐弯的街道，而街道的改造目前只涉及其中一段。枣子巷公厕严格来讲是位于枣子巷紧邻的青羊东一路上，因为青羊东

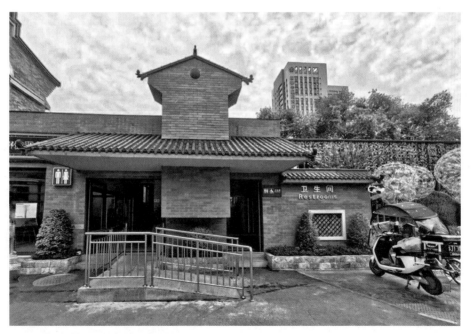

· 街头公厕带几分博物馆风格的造型

一路与枣子巷同步一体化改造，所以看上去像是枣子巷的一部分。这一带在手机地图上标注为枣子巷景区，图标是绿油油的一片。厕所离成都中医药大学后门不远。外观造型有些复杂，外立面是传统山墙和防火墙的结合体，杂糅地方民居和近代公馆建筑样式，这让厕所喧宾夺主，成为街边的亮点。外墙上有公厕的标识，"卫生间"三个字是银色亚光黑体字。

厕所入口有小青瓦组合成的中国传统样式花窗，这进一步在视觉上强化了厕所建筑的传统美学趣味。入口有两级台阶，每级台阶高 0.15 米。两米宽的入口被一分为二，一半是普通台阶，一半是无障碍通道。"L"形的无障碍坡道设计合理，坡道平缓，坐轮椅上下非常省力。坡道两侧有不锈钢栏杆，给人体贴温馨的感觉。

这座厕所全称是成都金牛区枣子巷环保旅游公厕，墙上有成都市城市管理委员会颁发的环卫公厕星级标牌，上面有三颗红星，代表三星级厕所。

与成都市其他公厕不同的是，墙上居然还有几种常见中草药的介绍，包括枸杞、黄芪、何首乌、人参和鱼腥草。这应该和解手没有直接的关联，而是用于展示宣传，强化枣子巷中药一条街的特色主题。抬头望，屋顶有吊顶造型和筒灯照明，这比一般的公厕要高档一些。

往里走，男卫生间门边有带人脸识别功能的供纸机。我正对着机器拍照，供纸机突然呱呱地吐出一米长的白色卫生纸，如同科幻电影里突然伸出舌头的怪兽，吓了我一跳。原来机器有高灵敏度的扫脸免费取纸功能，这是我在成都遇到的最为热情主动的自动供纸机。我赶紧收起纸巾，无声谢过，转身如厕。

男厕所里设施齐全。洗手台面上有三个洗手盆，其中两个供大人使用，另外一个是供小孩子使用的，洗手盆高度比大人的矮近一半。擦得锃亮的感应水龙头上方墙面上是干干净净的玻璃镜子，如厕者在洗手的同时往往会抬头悄悄欣赏镜子里的自己。在照镜子的同时，免不了调整头部的位置，变换面部与镜面的夹角，表情也轻微做一些改变，选择最佳角度定格较长时间。在镜子的下半部有三块显示屏。准确讲，就是在玻璃镜里显示电视内容。

唯一遗憾的是高大上的"波洛克牌"干手机无法使用，手放在机器下面，无论怎样调整距离和变换手部的动作，都没有一丝风出来。双手就这样摊开，静静悬在半空中，仿佛站在哑剧表演的舞台上，时刻准备接住空中落下的宝贝。这让我在公共场所里的举动更加可笑可疑。

为了保持良好的通风，厕所一侧墙面有大尺寸的开窗，推拉样式的大窗单扇宽度为 1.8 米。我们常常会看到没有开窗、完全封闭的厕所，要用大功率的抽风机全天不停地工作，费工费电。其实，在相关规范中明确要求，公厕的通风设计应优先考虑自然通风，当自然通风不能满足需要时应增设机械通风。相对于锦清亭这样几乎主动放弃自然通风的公厕设计而言，枣子巷公厕的设计更加实用、节能。

男厕所的大便池一共 4 个，三个蹲便位，一个坐便位。我随机选择一间进去实地体验。蹲位非常宽敞，长 1.5 米、宽 1.2 米的空间让北方的大块头游客也觉得从容。如果一边上厕所一边看手机，手中的手机不会抵靠在门板上，屁股也不会和后墙发生摩擦。查看规范可知，一般的蹲便器使用空间仅需 0.8 米的宽度和 0.6 米的进深，枣子巷公厕空间比规范要求宽松许多，达到了一类独立式公厕的空间标准。而一类公厕一般设在商业区、重要公共设施、重要交通客运设施等人流较大区域。

厕所通道左侧有扇玻璃门，透过玻璃可以看到另外一侧居然是旅游接待点。推开玻璃门，就可以进去咨询有关四川旅游的信息。从来没有见过这样的设计，上完厕所就开始规划下一步旅游。这是一个奇妙的厕所，多种结合让厕所功能叠加升级，给人连连不断的意外惊喜。

· 厕所内部陈设

学道街公厕

学道街也是一条老街，一头连古卧龙桥街，一头接走马街，街道得名于清代设在这条街上的提督学院衙门。提督学院衙门是提督学政的官署，提督学政在清代是全省的最高教育行政长官，主管全省的学校与科举考试，简称"学道"。

清末时，在这条街和附近的青石桥街、古卧龙桥街上的各类书铺有四五十家。成都最著名的民营木刻版书铺"志古堂"，最大的官办木刻版书铺"存古书局"，新式的铅版书商"二酉山房"都开设在这里。学道街一带是清代西南地区的图书业务中心，也是成都历史上第一条文化产业街。

现在的街道平淡无奇，早已没有旧日的书卷气息了。乏善可陈的街道，好在还有一座值得研究的公厕。

厕所在学道街22号和24号之间，隔壁是四川省扶贫基金会的办公室。梯步不在门的正面，而是在门的左右两侧，设计的目的是防止挤占人行道。入口一侧是3级梯步，另一侧是坡道，供残疾人和老年人坐轮椅进出，目测坡道为1:5的斜度，也就是说，坡道长度是高度的5倍。入口上方出挑，形成雨篷，上有照明灯。厕所里别有洞天，是上下两层的跃层式独特布局。下面是女厕所，高高在上的是男厕所。由于男厕在二楼，入口坡道实际上只能为女性进入一楼女厕所提供方便。所以，在外墙上有一个白底红字的温馨提示：

无障碍卫生间请到前方300米省政府北侧公厕或咨询公厕保洁人员。

在文字下方还画了一张路线示意图——右行50米后，左转行100米，再右转前行150米即到。显然，这是提醒男性残障人士的。因为，坐轮椅是无法上到学道街二楼男厕所的。

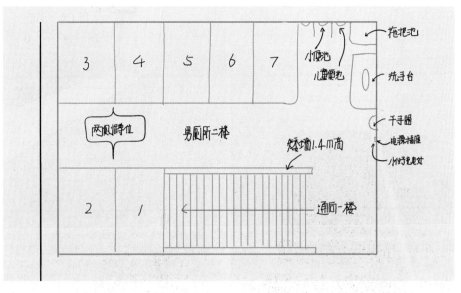

・公厕二楼手绘示意图

公示栏里显示厕所的编号为锦江-13，管理单位是锦江区春熙路街道办事处，产权单位是锦江区综合行政执法局。厕所入口一侧有工作间，透过装有铁制护栏的窗户可以看见里面有床和菜板。厕所的清洁工就住在这里，提供24小时的保洁服务。

上二楼的楼梯比较陡，有15级梯步，每步高差为0.2米，想必这是设计师迫于现场空间条件限制的无奈之举吧。因为，这样的高度像我这样的业余运动员走起来都有些吃力，颇有些攀登险峰的感觉。在左侧墙面1米高的位置设有不锈钢扶手，增加上下楼梯的安全性。二楼靠墙设有洗手盆，拖把池和三个小便池，其中矮小一点的小便池是供儿童使用的。7个蹲位分设两边，一边2个，另外一边5个。

楼梯侧上方有一堵台沿，高度大约1.4米，既有利于厕所通风采光，也可以作为临时放置东西的平台。二楼开窗多，且窗户尺寸都较大，不用排气扇，尽量采用自然通风就可以达到非常好的效果。在干手机的旁边还有贴心的电源插座。一位小伙子上完厕所后，"依依不舍"，站在干手机旁边，一边给手机充

· 上下楼梯的状况

电，一边玩着手机上的游戏。随身的背包就放在那1.4米高的台沿上。我是第一次在厕所里看到这样久久不愿离去的人，这"依依不舍"的动情场景也许就是对公厕最高的评价和赞许吧。

广福桥横街公厕

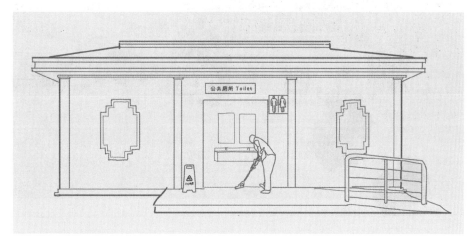

· 公厕立面手绘示意图

　　广福桥横街离市中心稍微远一点，在城西一环路和二环路之间。在广福桥横街与西街交会的丁字路口有一座公厕。准确讲，厕所在广福桥横街路边上，正对广福桥西街。厕所不大，位置绝好，摆出热烈欢迎如厕者的姿态。仔细观察会发现，街头的许多建筑都是有表情，会说话的。

　　这是一座整体装配式公厕，前几年获得了成都市"最美公厕"的称号。它不是传统的砖混结构，而是采用钢架结构，外立面使用了新型环保材料。这样的厕所安装非常方便，一个标准化的厕所最快一个晚上安装到位，如排水管道和废水处理装置事先到位，第二天便可使用了。

　　厕所外观是左右对称坡屋顶样式，中规中矩，在丁字路口是镇得住堂子的公共建筑。我用脚步测量，长11步，宽5步。厕所入口宽1步半，一级台阶进入，另有无障碍通道。在厕所侧面的外墙上，我看到一台空调外机，从铭牌上的文字可知，这是2016年出厂的格力冷暖空调，制冷和制热输出功率分别为

· 广福桥横街公厕与道路的关系

2650W和2550W，防水等级是IPX4。一般来讲空调的防水等级用IPX加上数字来表示。IPX4的空调可以理解为液体由任何方向泼向外壳，对空调外机都没有破坏性影响。而IPX3为防雨型，IPX8为水中型，可以更长时间放置在有一定压力的水里。估计，这世界上，除了我，没有人上厕所还会这样搞研究。

男厕设有2个小便池、2个蹲位，女厕所设有3个蹲位。为了方便特殊人群如厕，公厕入口右侧铺设了无障碍通道，右拐可直接到达无障碍卫生间。卫生间内便池、洗手台一应俱全，在其外围还安装了灰色扶手做安全保障。

实地体验、亲身感受是我街头寻访一直坚持的基本方法，研究厕所也不例外。我蹲在厕所里，一边做着顺其自然的常规动作，一边仔细感受厕位空间的舒适度。厕位长1.35米，宽0.8米。虽然宽度没有达到0.85米的相关设计规范要求，但实际使用起来感觉前后左右都比较宽敞。蹲位后方墙面上有长窗，带防蚊蝇纱窗。门右侧下方有紧急求助报警按钮，上方有手动冲厕按钮。平时不需要手动按钮冲厕，冲厕感应装置会自动启动冲厕。唯一不太合理的地方是上完厕所出去时需要向内拉门，但是却找不到把手。我只好用手拉门板上部向内开门，但是这显然不太方便，动作也略显滑稽。小便池使用TOTO品牌，成都许多厕所好像都是这个品牌的洁具。不过，同样品牌的产品，工程类和家用型却有不小的差别。因为这个厕所空间小，设计师选用瘦型小便池，看上去更加小巧，空间也显得宽敞一些。其实，瘦型小便池使用起来的效果和宽大一些的产品没有太大的差别。小便池之间的挡板不是常见的矩形，而采用了弧形设计，遮挡的效果更好，而且颇具美感。

厕所保洁工作非常到位，地面干净，空间里没有一点异味。夏天里面非常凉爽，体验感非常好。入口正对的洗手台上方，从左到右依次有干手器、洗手液瓶和人脸识别出纸机。厕所四面开窗，穿堂风形成自然通风。墙上有武侯公厕服务准则，承诺五心服务：

环境舒心（七有）、保洁细心（七无七净）、语言贴心（七语）、服务真心（五服务）、如厕称心（五感）。

其中，五感是指上厕所要有安全感、归属感、舒适感、亲切感和温馨感。在这里，的的确确感觉干净、安全和舒适。至于说到归属感，成都人能够用上这样的厕所，多多少少应该会有一些归属感和自豪感吧。这厕所文案想必出自某位文章高手之手吧。

一座历史文化名城，处处体现文化。厕所也有厕所的文明和独特文化，细致的管理本身也是文化的一种体现。成都有这样的公厕，值得内心悄悄骄傲一下。我见过用过成都无数的公厕，这座厕所算得上是一流水平。

西源路一体化活动公厕

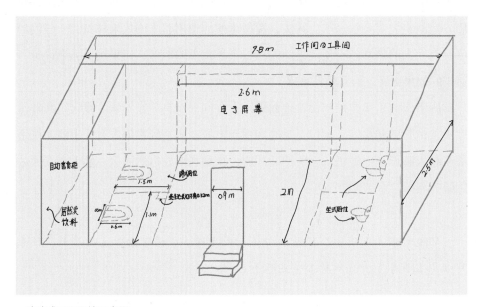

工作间及工具间

9.8m

电子屏幕

2.6m

自动售货柜

1.5m

蹲式厕位

先过之长0长有0.32m

0.9m

0.3m

1.1m

2.6m

2m

坐式厕位

自然果汁饮料

2.5m

· 移动式厕所手绘示意图

    西源路的位置就更远了，在高新西区，北侧为电子科技大学清水河校区。儿子在这里读完本科，又读博士，我也常常来这里。有一天特意去新奇的路边厕所看了看。

    这是个小巧的一体化活动式厕所，看上去接近一个集装箱大小。长10米，宽2.5米。第一次路过看见时感觉非常奇特，白色外观显得非常清爽洋气。放在人行道绿地上，安安静静，很有亲切感及现代气息。

    从0.9米宽的大门进去，是2米宽、2.6米长的矩形空间，有点客厅的意味。左右两边各分布2个厕位间。左边是蹲式，右边是坐式。蹲便器搭配低位整体水箱，小便器为小巧的碗形。右侧卫生间里面安装有安全抓杆，方便残疾人和老年人使用。卫生间的门0.7米宽，洗手盆设置在卫生间进门墙角处，是边长0.32

· 夜色中的路边厕所

米的正方形，非常小巧。卫生间长1.1米，宽1.5米。其中，蹲位只有0.35米的宽度，长度为0.6米，内部空间利用充分，布局合理。

一般人对厕所几何尺寸并不敏感，也没有直观的空间概念。但是，我们常常会感受到上厕所的不便与不适。比如，厕所空间太小，蹲在里面，要么头顶着门隔板，要么屁股撞墙。有时里面没有卫生纸，有时里面没有挂钩挂包。但是，这样的一体化移动式厕所，尺寸合适，设计科学，毫无逼仄的感觉。

这是一个多功能的厕所。外面一侧有自动售货设备，卖一些饮料类的小商品。不过，似乎一般人并没有在厕所买饮料的习惯，时尚考究的现代人，其上水和下水的问题是不会在同一处解决的。年龄40岁上下的保洁员从上午7点一直工作到晚上10点，吃饭时有30分钟的自由活动时间。工作持续时间虽然长，但看上去劳动强度并不大。毕竟，这里的厕所比商场和车站的公厕人流量要小许多，相应的劳动强度也小了许多。

我里里外外转圈圈，四下打量，一边测量尺寸，一边和保洁大姐聊天，这既是实地寻访的需要，也是打消大姐对我怀疑的有效方式。她家就在附近的小区，来这里上班也算是打发时间的一种方式，对于工资的高低也就不十分在意了。闲聊中，一辆红色的全电动公共汽车停在路边。车门打开，年轻的驾驶员急匆匆从车里跳下来，几步小跑进了厕所左侧第二间卫生间。

最近几年，我发现，这样的厕所在成都高新区也可以看到，在那里被冠以"轻松驿站"的美名。城市里，公厕合理设置与布局，才有可能实现轻轻松松的街头漫步。这是城市日常生活不可或缺、不能忽视的大事情。

我将厕所作为本书的最后一章，有压轴的意思。一直以来，厕所并不被城市史及日常生活史专家们所重视，但其重要价值和特殊地位却无法被取代。未来，我也许会继续研究厕所，也许，还会专门写一本有关厕所的书。希望在不久的将来，能从街头的公厕里感受到成都的城市美学和科学管理水平又向前悄悄迈出了一大步。

后 记

　　写一本有关成都街头美学的书，这个想法萌生在十年前。那个时候有关城市及街头美学方面的书籍大多是外国人写的，其中最有代表性的是日本学者芦原义信所著《街道的美学》。大家都说成都安逸，街道漂亮，但似乎却不太讲得清楚到底好在哪里、美在哪里。

　　我想试试从本地人的角度来讲讲这座城市的美。

　　与出版社沟通，编辑老师也认为这是一个不错的选题，于是在两年前启动了选题计划。取名为《成都街头美学》，感觉"街头"比"街道"更有平民气质和成都味道。

　　以街道为载体，研究城市公共空间与普通人日常生活的关系，这是我多年的写作方向和学术兴趣。我们常常说，作家要深入基层，扎根基层，其实，我们本来就是这基层的一分子，长期生活在基层，最了解的就是这座城市最普通的生活。恰当定位，合理选题，这应该是本地人从事这座城市公共空间与日常生活研究的优势。

　　我们所见有关街头美学的书大多涉及建筑及规划专业，有机更新、城市肌理、空间构架等，这些专业名词不知普通市民是否懂得起，是否能够产生兴趣。可不可以把复杂的事情说得简单明了，增加一些趣味性，把城市研究的专业成果与普通人分享呢？尝试的结果就是这本《成都街头美学》。

　　写作过程中得到了许多朋友的帮助。严丁先生提供了几处公厕信息，我将它们都详细写进了书里；肖宾先生是老玉林，他带我寻访玉林的大街小巷；大学建筑学老师华益女士，提出了许多宝贵的专业建议。

父亲一如既往地支持我的写作，对本书的结构调整提出了非常好的修改意见。有关正通顺街的内容就是父亲日常生活的真实记录，这也是重要的家庭口述史。通过他，我切入了对城市老人生活习惯和日常规律的研究。一条普通的街道对一个人，或者一个家庭有多大的价值和意义？通过正通顺街和父亲的故事，得到了让人感动的答案。我把这篇文章放在本书的开篇，算是对这座城市公共空间表达的一份敬意和谢意。谢谢这座城市给普通人带来如此美好、如此便捷、如此自信、如此优哉游哉的生活。

为了便于普通读者了解书中的内容，我手绘了大量的示意图。这些都是用手写笔在平板电脑上完成的。这是一个循序渐进、熟能生巧且充满乐趣的手艺活儿。开始时，画得差一些，后来的图就渐渐漂亮许多。心情好时画得好一些，心情不好时图也难看许多。希望细心的读者能够通过手绘图的细微变化发现我的一些秘密。这是我与读者们独特的沟通方式，有点神秘间谍街头悄悄对暗号的意思。

如果说宽阔的街道和林立的高楼是一种美丽，那么，小街、小巷、小店、小摊、小桥和小亭也是另一种城市美的存在。对于普通人来讲，大城市的大，恰恰表现在众多小空间的规划、建造和运用中。我们想交流愉快，我们想过街容易，我们想买菜方便，影响日常生活的这些城市空间，在实际中，人们往往希望它再小一些。这种大与小的对立统一，既是一种辩证关系，又是城市规划、设计与建设面对的现实问题。心里装着普通人的普通生活，我们才会建造出真正美丽的城市。

将城市公共空间研究与城市文化学、都市规划学、现代建筑理论，以及城市历史民俗学结合，运用街头考现学的手段，以自己的亲身体会、亲眼所见、亲耳所闻为依据，讲述街头之美，期望对未来的新城市建设和老城区改造有些参考价值。这是我不断写作和游走街头的目的，也是对成都之美最真实的表达。

这座独一无二的城市有无数美丽动人的故事，我想一直讲下去。

参考书目

1．四川省文史研究馆．成都城坊古迹考［M］．成都：四川人民出版社，1987．

2．冯一下．成都历史［M］．成都：成都出版社，1992．

3．袁庭栋．成都街巷志［M］．成都：四川文艺出版社，2017．

4．成都市地方志编纂委员会．中华人民共和国地方志四川省成都市建筑志［M］．北京：中国建筑工业出版社，1994．

5．曾智中，尤德彦．李劼人说成都［M］．成都：四川文艺出版社，2007．

6．成都市勘测志编纂委员会．成都市勘测志［M］．北京：中国建筑工业出版社，1997．

7．［丹麦］扬·盖尔．交往与空间（第4版）［M］．何人可，译．北京：中国建筑工业出版社，2002．

8．任仲泉．城市空间设计［M］．济南：济南出版社，2004．

9．成都文物考古研究所．成都考古研究［M］．北京：科学出版社，2009．

10．陈丹燕．成为和平饭店［M］．上海：上海文艺出版社，2012．

11．［美］维卡斯·梅赫塔．街道：社会公共空间的典范［M］．金琼兰，译．北京：电子工业出版社，2016．

12．上海市规划和国土资源管理局，上海市交通委员会，上海市城市规划设计研究院．上海市街道设计导则［M］．上海：同济大学出版社，2016．

13．［日］芦原义信．街道的美学［M］．南京：江苏凤凰文艺出版社，2017．

14．［德］迪特·哈森普鲁格．中国城市密码［M］．童明，赵冠宁，朱静宜，译．北京：清华大学出版社，2018．

15．［加］丹尼尔·亚伦·西尔，［美］特里·尼科尔斯·克拉克．场景：空间品质如何塑造社会生活［M］．祁述裕，译．北京：社会科学文献出版社，2019．

16．［日］东京大学都市设计研究室．图解都市空间构想力［M］．赵春水，译．南京：江苏科学技术出版社，2019．

17．冯晖．成都街道漫步手记［M］．成都：成都时代出版社，2019．

18．冯晖．影像里的成都［M］．成都：成都时代出版社，2020．

19．［美］威廉·H·怀特．城市：重新发现市中心［M］．叶齐茂，倪晓辉，译．上海：上海译文出版社，2020．

20．［加］简·雅各布斯．美国大城市的死与生［M］．金衡山，译．上海：译林出版社，2020．

21．［日］赤濑川原平，藤森照信，南伸坊．路上观察学入门［M］．严可婷，黄碧君，林皎碧，译．上海：三联书店，2020．

22．冯晖．未消失的风景：成都深度游手记［M］．成都：成都时代出版社，2021．

23．冯晖．百年影像里的成都胜迹［M］．成都：四川美术出版社，2022．